Paloma Díaz-Mas

Meine Katze,
die Philosophin

Paloma Díaz-Mas

Meine Katze, die Philosophin

Aus dem Spanischen
von Maria Hoffmann-Dartevelle

List

List ist ein Verlag
der Ullstein Buchverlage GmbH

ISBN: 978-3-471-35135-2

© 2014 by Paloma Díaz-Mas
© der deutschsprachigen Ausgabe
2016 by Ullstein Buchverlage GmbH, Berlin
Alle Rechte vorbehalten
Abbildung auf Vorsatz: Des gned by feepik.com
Gesetzt aus der ITC Berkeley Oldstyle
Satz: Pinkuin Satz und Datentechnik, Berlin
Druck und Bindearbeiten: CPI books GmbH, Leck
Printed in Germany

Dem Mann gewidmet,
der gemeinsam mit seiner Frau
einen kleineren Verlust betrauerte.

Behutsam gingen sie durch unser Leben,
bewegten sich wie auf Wolken,
über Glas konnten sie laufen, ohne es zu zerbrechen,
streiften Gläser, ohne einen Tropfen zu vergießen.
Im Sommer suchten sie weise den kühlen Schatten auf,
im Winter die Wärme unserer schlafender Körper.
Sie zogen durchs Haus und hinterließen auf ihrem Weg
unzählige Gold- und Perlmuttfäden.
Wie oft erschlichen sie sich unsere Plätze,
weil auch sie dort am liebsten lagen,
und wir, riesige entthronte Könige,
wir machten es uns – wie man so sagt – bequem
an den unbequemsten Plätzen des Hauses.
Wie oft hat der vibrierende Laut in ihrer Kehle
uns Kummer oder Angst erträglicher gemacht.
Wir gaben ihnen alles, was sie wollten,
sie nahmen es an mit der Würde dessen,
der um nichts gebeten hat.
Zuweilen wunderten wir uns:
Wir hatten ein wildes Tier im Haus,
mit Krallen und scharfen Zähnen,
das sein Seidenfell mit rauer Zunge in der Sonne leckt.

Und eines Tages starben sie,
ohne den leisesten Seufzer
– fast nichts blieb zurück, ein weiches Fellbündel –,
dezent und würdevoll
im Leben wie im Tod.
So waren unsere Katzen,
und heute noch,
Monate später,
finden wir
von Zeit zu Zeit
ein seidiges Haar in unserer Kleidung.

Esteban Villegas, *Alltag*, 1995

Eine Katze

Auf dem schwarzen Pullover, den ich mir eben angezogen habe, entdecke ich ein, zwei goldene Katzenhaare. Eines davon zupfe ich ab – gar nicht so leicht, die zarte Faser haftet erstaunlich fest an der Wolle, ist wie mit ihr verwoben – und schau es mir an. Hätte ich bessere Augen oder eine Lupe zur Hand, könnte ich klar und deutlich erkennen, dass das goldene Härchen nicht einfarbig ist. Es hat drei Farbtöne: dunkles Goldblond, Weiß und dazwischen einen Cremeton, so zart, dass er kaum auszumachen ist. Es sind die Farben von Tris-Tras, einer rotbraunen europäischen Hauskatze, die vor vier Monaten gestorben ist. Ihr Fell schien unterschiedliche Farben zu haben, in Wahrheit aber wiederholte sich auf jedem einzelnen Haar die Zeichnung des gesamten Fells.

Hin und wieder finden wir noch heute Spuren ihrer Gegenwart in unserer Wohnung, Härchen an unserer Kleidung oder auf einem Sesselpolster, einen von ihren

Krallen gezogenen Faden in unserem besten Bettüberwurf, einer Decke, die sie immer eifrig bearbeitete, als würde sie sie melken, bevor sie sich dreimal um sich selbst drehte und sich an der bequemsten Stelle niederließ. Das, was unten am Tisch wie Schmutz aussieht, sind Spuren ihres Fellfetts, und plötzlich fällt uns wieder ein, wie sie ihre Wange, ihren Hals oder ihren Rücken an den Tischbeinen rieb, um ihr Revier zu markieren, ein Revier, in dem wir mietfrei wohnen durften, als willkommene oder, besser gesagt, wohlwollend geduldete Gäste.

Das erste Mal passierte es mir auf einer Reise nach Übersee. Ich traf nachmittags im Hotel ein, etwa um die gleiche Uhrzeit, zu der ich zu Hause abgeflogen war (der Flieger hatte tapfer gegen die Zeitzonen angekämpft, aber verloren, und so standen wir wieder am Beginn eines endlos langen Tages), und als ich den Koffer aufklappte, fiel mein Blick als Erstes auf ein goldgelbes Haar. Es hatte sich im Revers des Jacketts verfangen, das ich zum förmlichsten Anlass meines Arbeitsaufenthaltes tragen wollte. Ich fand es witzig, dass Tris-Tras, die zu Hause geblieben war, mich auf diese Weise bis auf die andere Seite des Atlantiks begleitet hatte. Ich zupfte das Härchen von meinem Jackett und heftete es behutsam in eine Falte der dicken Cretonne-Gardine am Fenster. Als Erinnerung an ein Tier, das nie hier gewesen war und auch nie hierherkommen würde, eine virtuelle Präsenz. Vielleicht hängt es noch heute dort.

Im Lauf der Jahre haben wir in der Welt viele winzige Spuren von Tris-Tras hinterlassen, Spuren, die wir ahnungslos bei uns trugen. In Flugzeugen, Bahnen und Bussen haben wir sie verteilt, in unserem Auto, auf der Straße, in Geschäften, auf Kinositzen und auf den Sofas unserer Freunde. Und von dort hat wiederum eine Schar Unbekannter sie fortgetragen, ebenfalls unbemerkt, weit weg, an Orte, an denen wir nie gewesen sind. Manche dieser goldenen Haare sind bis ans Meer gereist, andere haben sich in den Wäldern verloren, in denen wir, ihre Träger, spazieren gegangen sind. Die seidigen Fasern – eine jede dreifarbig, als habe man sie gezielt so eingefärbt – sind in die fernen Winkel einer globalisierten Welt gewandert. Das ist geblieben von Tris-Tras, jetzt, da sie nicht mehr unter uns ist. Dieses Tier ist von uns gegangen und hat Spuren auf der ganzen Welt hinterlassen.

Unbewusst pflegen wir weiter die alten, inzwischen sinnlos gewordenen Gewohnheiten: Wir lassen alle Türen einen Spalt offen, damit Tris-Tras nach Lust und Laune durch die Wohnung laufen kann, denn Katzen ertragen es nicht, in einem Zimmer eingesperrt zu sein. Vorsichtshalber schließen wir alle Fenster, damit sie nicht, wie schon einmal, aus dem zweiten Stock in die Tiefe stürzen kann. Wenn uns dann aufgeht, dass wir die Fenster ja jetzt weit öffnen können, stockt uns das Herz; die neu gewonnene Freiheit löst ein Gefühl der Leere aus, hat einen traurigen Beigeschmack. Noch immer denken wir zur gewohnten Zeit: »Ich muss ihr Futter und frisches Wasser hinstellen«, bevor wir begreifen, dass es da niemanden mehr gibt, der versorgt werden muss. Und manchmal werfen wir, wenn wir an einem Zimmer vorbeigehen, einen Blick hinein, um nach der Katze zu schauen, die nicht mehr da ist.

Sie starb mit der Würde, mit der Tiere zu sterben verstehen. Taktvoll, wie sie war, legte sie ihren Tod auf einen Tag, an dem wir alle zu Hause waren. Nicht auf einen der vielen gewöhnlichen Tage, an denen jeder zur Arbeit ging und Tris-Tras allein zurückblieb und es sich auf den zahlreichen ihr zur Verfügung stehenden Kissen, Sesseln und Teppichen gemütlich machte. Es wäre furchtbar gewesen, von der Arbeit heimzukommen und sie krank, sterbend oder sogar schon tot vorzufinden. Nein, sie starb an einem Samstagmorgen und ließ uns Zeit, uns zu verabschieden und sie gehen zu sehen.

Am Abend zuvor war sie wie immer gewesen, hatte mit uns gespielt, eine alte Katze, der das Spielen noch Spaß machte, die hinter einer über den Teppich gezogenen Schnur herjagte, die sich energisch an ihrem Kratzteppich abarbeitete und sich an allen Sesseln der Wohnung die Krallen wetzte. Sie hatte gefressen und getrunken wie an jedem anderen Tag und es sich abends, als wir uns zum Ausspannen aufs Sofa gesetzt hatten, bei einem von uns auf dem Schoß gemütlich gemacht. Als wir morgens aufstanden und die Rollläden hochzogen, wunderten wir uns, dass sie nicht wie gewohnt angerannt kam, um mit enthusiastischem Miauen den Tag zu begrüßen. Wir mussten sie suchen, und wir fanden sie in einer Ecke, unter einem Tisch liegend, die Augen geschlossen und siech. Entgegen ihrer sonstigen Gewohnheit hatte sie ihre Notdurft auf dem Teppich verrichtet.

Als wir sie unter dem Tisch hervorholten, war sie kaum noch in der Lage, sich auf allen vieren zu halten, und schleppte sich mühsam in einen anderen dunklen Winkel. Ein schlechtes Zeichen: Tiere verkriechen sich zum Sterben in einsame Ecken, als wüssten sie, dass man alleine stirbt und im Augenblick des Todes am besten jede Gesellschaft meidet.

Wir nahmen sie auf den Arm, um sie in die Transportkiste zu legen. Sie war federleicht, ihr kleiner Körper fühlte sich an wie eines dieser schrecklichen Pelzaccessoires, die sich die Damen früher um den Hals schlangen: tote, gegerbte Tiere mit Glasaugen – Nerze, Marder oder Füchse –, mit denen man sich unbegreiflicherweise schmückte.

Sie ließ sich in die Transportkiste packen, ohne sich zu wehren wie sonst, und kroch ganz nach hinten, als wollte sie sich verstecken. Im Wartezimmer des Tierarztes schien sie sich ein wenig zu fangen. Sie drehte sich um und sah uns durch die Gitterstäbe hindurch sonderbar gleichmütig an, miaute sogar vernehmbar – das vertraute energische Miauen, autoritär und fordernd –, um herausgelassen zu werden. Ein Hund mit eingegipster Pfote näherte sich ihrer Kiste und schnüffelte daran, wurde aber sofort von seinem Frauchen zurückgezogen. Beklommen warteten wir und wussten nicht, wovor wir mehr Angst hatten: dass dies womöglich ihr Todestag war oder aber der Beginn einer quälenden Prozedur aus Behandlungen, Operationen und Kuren, die ihren Tod doch nur um ein paar Tage, Wochen oder Monate hinauszögern würden. Viele Chancen hat ein so altes Tier nicht mehr.

Dem Tierarzt blieb kaum Zeit, sie oberflächlich zu untersuchen und vage einen Tumor im Bauch zu diagnostizieren, den er unter ihrem trotz des Alters immer noch dichten, seidigen Fell zu ertasten meinte. Während wir auf weitere Untersuchungen warteten, begannen die Krämpfe. Es war nichts mehr zu machen. Auf dem Formular, das wir unter Tränen unterschrieben, erklärten wir uns einverstanden mit einer »schmerzlosen Einschläferung«.

Man überließ es uns, ob wir nach Hause gehen und sie den barmherzigen Händen des Tierarztes überlassen oder bis zum Schluss bleiben wollten. Wir entschieden uns zu bleiben, allerdings weiß ich nicht, ob wir ihr im Augenblick des Todes beistehen oder in der Gewissheit nach Hause gehen wollten, wie dieser letzte Augenblick ausgesehen, was man mit ihr gemacht hatte.

Alles war einfach: ein Venenzugang, um ihr zunächst ein Beruhigungsmittel zu spritzen (sie war so schwach, so außerstande, sich aufrecht zu halten, dass sie auf dem Operationstisch mit seiner blanken Oberfläche aus rostfreiem Stahl ausrutschte; die Pfote mit dem Venenzugang blieb in einer unnatürlichen Haltung liegen, wie die ausgerenkte Pfote eines Plüschtiers), ein Häufchen Erbrochenes, das Futter, das wir ihr am Abend zuvor gegeben hatten, ohne zu ahnen, dass sie zum letzten Mal fressen würde, eine Spritze, und das war's. Nicht mal ein Seufzer, kein Röcheln und kein Zucken, nur ein Rinnsal goldgelben Urins, der sich leise über den Operationstisch ausbreitete. Mit fachmännischen Handgriffen horchte der Tierarzt den kleinen Körper ab, der mit seitlich ausgestreckten Pfoten auf dem OP-Tisch lag, ähnlich wie im Sommer, wenn sie sich an heißen Tagen in dieser Position ein wenig Kühlung verschaffte. »Ich kann keinen Herzschlag mehr hören, es ist aus«, sagte der Arzt. Wir streichelten sie und betrachteten sie zum letzten Mal: Da lag sie wie ein nasser Lappen, aber ihre Augen hatten den gleichen Ausdruck wie immer und die gleiche, vom Tod ungetrübte Bernsteinfarbe.

In unsere Trauer mischte sich unweigerlich der Gedanke, dass auch wir, wenn einmal die Stunde gekommen sein sollte, uns ein so leichtes Sterben wünschen würden.

Zu Hause sammelten wir ihre Siebensachen ein, wuschen alles, packten es zusammen und brachten es auf den Speicher. Das Waschen wurde zur rituellen Handlung, zu einer Art Übergangsritual, als besäße das aus dem Hahn fließende Wasser neben seiner reinigenden Wirkung auch die Kraft, unseren Schmerz fortzuspülen.

An allen Ecken und Enden der Wohnung fanden wir Sachen, die ihr gehörten. Uns war gar nicht bewusst gewesen, dass es so viele waren. Eigentlich hatten wir immer gedacht, Tiere besäßen nichts, und was sie haben, gehöre dem Menschen, nun aber merkten wir, dass es genau umgekehrt ist: Viele Dinge, von denen wir glauben, sie gehörten uns, gehören in Wirklichkeit ihnen, und zwar von dem Augenblick an, da sie sie benutzen und wir dafür keine Verwendung mehr haben.

Wenn Historiker das Alltagsleben der Menschen im Mittelalter oder im 16., 17. Jahrhundert erforschen, greifen sie auch auf die Testamente und Nachlassinventare zurück, die die Notare einst in ihren Archiven verwahrten. Erscheinen zum Beispiel im Nachlassinventar eines Handwerkers oder Kaufmanns »ein Leinenhemd, verschlissen« (also benutzt), »eine tönerne Waschschüssel mit Sprüngen«, »ein Stück Wolldecke« oder »ein großer Eisenschlüssel«, so versetzt uns diese Liste alter, abgenutzter oder scheinbar unbrauchbarer Gegenstände in eine vergangene Gesellschaft, die keine Wegwerfgesellschaft war und in der selbst Leute, die in gewissem Wohlstand lebten, ihre Kleider und Gerätschaften so lange benutzten, bis sie auseinanderfielen, eine Gesellschaft, in der man Gegenstände, die wir heute als nutzlos betrachten würden, aufhob und sogar weitervererbte.

Tris-Tras' Nachlassinventar gibt indirekt Auskunft über den Alltag und die Sitten und Gebräuche einer

Katze, die zu Beginn des 21. Jahrhunderts in einer europäischen Mittelklassefamilie lebte. Es umfasst folgende Gegenstände:

- Eine mit Streu gefüllte Wanne, in der eine Katze ihre Notdurft verrichten kann.
- Eine kleine Plastikschaufel, um Exkremente aus der Streu zu entfernen.
- Eine Packung Katzenstreu, halb voll.
- Eine angebrochene Dose Katzenfutter.
- Eine Tube Malzpaste, die verhindern soll, dass sich im Katzenmagen Haarballen bilden.
- Eine mittelgroße Transportkiste (die sie hasste, weil diese Kiste nur für Unangenehmes benutzt wurde wie Tierarztbesuche oder Fahrten im Auto; auch ihre letzte Fahrt machte sie in dieser Kiste).
- Ein gelber Fressnapf aus Plastik, achtzehn Jahre alt.
- Eine blaue Keramiktasse, als Trinknapf verwendet (sie war sehr wählerisch und trank nicht gern aus Plastiknäpfen).
- Zwei Futterspender, einer für Trockenfutter, der andere für Wasser (die mochte sie auch nicht, und wenn wir sie ihr hinstellten, strich sie missmutig um sie herum, weil sie wusste, was sie bedeuteten: dass wir für ein paar Tage verreisten und sie allein in der Wohnung ließen).
- Ein handgeflochtener Korb aus Maisstroh, kaum benutzt (wir konnten sie einfach nicht überreden, darin zu schlafen).

17

- Ein eleganter, mit kleinen Figuren bedruckter, aber altmodischer Wollschal, der im Wohnzimmer auf dem Telefontischchen neben der Heizung lag, für ein Nickerchen geeignet.
- Ein zweiter Schal, aus Mohair, durch zu heißes Waschen verfilzt, der auf dem Sofa lag, ebenfalls für ein Nickerchen geeignet.
- Ein baumwollbezogenes Sitzkissen mit einer rechteckigen Applikation aus bestickter Seide, für zwei Euro in einem chinesischen Ramschladen erstanden, als Sofaauflage verwendbar, für ein Nickerchen geeignet.
- Ein rundes Sitzkissen mit Baumwollbezug und einer Mulde in der Mitte, für ein Nickerchen geeignet.
- Eine Reisedecke aus Polyester, in das sich Katzenhaare mehrerer Fellwechsel verhakt hatten, die sich weder durch mehrfaches Waschen noch mit dem Staubsauger entfernen ließen, zusammengelegt und an jedem beliebigen Ort zu benutzen, für ein Nickerchen geeignet.
- Ein mit glitzernden Strasssteinchen besetztes Plüschhalsband, nur zweimal getragen (beide Male schaffte sie es, das Halsband innerhalb von dreißig Sekunden abzustreifen).
- Ein Glöckchen, unbenutzt.
- Ein Tischtennisball.
- Ein bunt gestreiftes Kunststoffbällchen.
- Ein Miniaturfußball aus rosafarbenem Kunstleder.
- Ein Knäuel gelbes Perlgarn.

- Eine Kugel aus zusammengepressten Alufolienresten verschiedener Lebensmittelverpackungen.
- Eine Garnspule ohne Garn mit daran befestigter Gummischnur (zum Spielen).
- Eine Stoffmaus mit eingenähtem Glöckchen, an mehreren Stellen ordentlich zerfetzt.
- Ein Striegel zum Streicheln und gleichzeitigen Ausbürsten von Haaren.
- Eine Art Flohkamm, während der frühsommerlichen Haarungsphasen eingesetzt.

Andere Besitztümer tauchten im Inventar gar nicht oder als nicht mehr vorhanden auf, da sie schon zu Lebzeiten weggegeben oder verschenkt worden waren.

- Ein kleiner Iglu aus wattiertem Stoff, in dem es unsere Katze nicht aushielt, weil es ihr dort zu warm wurde, und der nach wenigen Tagen einer anderen gespendet wurde.
- Ein Bürostuhl mit zerkratztem Polsterbezug, der zum städtischen Recyclinghof wanderte.
- Ein dreiseitiges bastüberzogenes Kratzbrett zum Krallenwetzen, vollkommen unbenutzt. Es wurde einer anderen Katze vermacht, die es ebenfalls vollkommen kaltließ.
- Sechs oder sieben abnehmbare, durch ausgiebiges Krallenwetzen stark mitgenommene Sofabezüge, die wir nacheinander bei einer karitativen Stoff- und Altkleidersammlung abgegeben haben.

Ein Historiker künftiger Jahrhunderte käme beim Studium dieses Nachlassinventars zu dem Schluss, dass es sich hier um eine wohlhabende Katze handelte, deren beachtlicher Besitz sich aus Utensilien des täglichen Bedarfs und Luxusgütern zusammensetzte, von denen einige noch so gut erhalten waren, dass sie weitergegeben werden konnten, teils an Artgenossen (der Iglu, das dreiseitige Kratzbrett), teils an karitative Organisationen (an die Altkleidersammlung, die mindestens sechs oder sieben Sofabezüge bekam, in jenen Zeiten eine beachtliche Menge). Vielleicht käme er auch zu dem Schluss, dass die betreffende Katze sich den Luxus erlaubt hatte, aus reiner Prahlsucht Schmuck und Gegenstände zu besitzen, die sie gar nicht benutzte (den Bastkorb, das samtene Halsband, das Glöckchen), wie die Adligen im Ancien Régime.

Am meisten vermissen wir sie morgens beim Aufstehen, wenn wir die Rollläden hochziehen, um das Licht des anbrechenden Tages hereinzulassen. Bedrückende Stille umgibt uns, wir hören nur unsere eigenen Schritte, das Rattern des Rollos und die üblichen Geräusche aus den Wohnungen über und unter uns (auch die Nachbarn sind aufgestanden und erledigen ihre immer gleichen morgendlichen Handgriffe), vor allem aber das laute Gezwitscher der Vögel, die in den Bäumen des Gemeinschaftsgartens sitzen.

Als Tris-Tras noch lebte, war die Routine des Vorhänge-Öffnens und Rollo-Hochziehens von einem ganzen

Willkommensritual begleitet: der Begrüßung des neuen Tages und der aufgehenden Sonne. Zuerst hörte man, wie kleine, gepolsterte Pfoten auf dem Parkett landeten (blop), dann ein leises, eiliges Laufen, das Geräusch der Pfotenballen auf dem Holz, begleitet vom zarten Klicken der Krallen. Das Laufen setzte entweder beim Sofa oder bei einem der Esszimmerstühle ein, die mit ihren unter den Tisch geschobenen Sitzflächen kuschelige Höhlen bildeten, manchmal auch beim Gästebett mit dem bereitgelegten Schlafkissen, und führte in das noch dunkle Wohnzimmer. Es war begleitet von stürmischen Begrüßungsrufen, nicht von normalem Miauen, eher von unartikulierten und so kräftigen Lauten, dass es schien, als könnten sie unmöglich aus einem so kleinen Körper kommen: ah, ah, aaah, aaaaah (ihr ganz persönlicher Sonnengruß: Der neue Tag hatte begonnen, Surya namaskar).

Waren die Rollläden oben, wurde die Begrüßung des neuen Tages mit begeistertem Miauen fortgesetzt und mündete unausweichlich in ein euphorisches Krallenwetzen am Ohrensessel im Wohnzimmer. Die kleine Harfenspielerin im Fellmantel zupfte mit einer Hingabe an dem schon von etlichen Vorführungen strapazierten Polsterstoff, die eindeutig für ihre unbändige Freude sprach, am Leben zu sein und einen neuen Tag zu beginnen. Danach ließ sie sich mit unvermindertem Jubelgeschrei seitlich auf den Teppich plumpsen und verlangte, immer noch miauend, dass ihr wuscheliger Bauch gestreichelt wurde. Und während wir gehorsam mit der Hand durch das zarte Gestrüpp fuhren, nutzte sie die Gelegenheit, sich liegend zu dehnen und zu strecken und dabei ihre sich unter dem dichten Fell abzeichnenden Muskeln zu präsentieren. Manchmal passierte es, dass sie plötzlich im Überschwang liebevoll zuschnappte. Wir sahen Sternchen, trugen ein paar Tage die markanten Spuren ihrer spitzen Eckzähne auf der Haut und begriffen einmal mehr, dass wir ein Raubtier in der Wohnung hielten, das uns nur aus freien Stücken nicht attackierte.

In unseren Händen lag also die Macht, die Sonne herein und den Tag erstrahlen zu lassen. Wenn wir am Wochenende etwas später aufstanden, verlangte Tris-Tras vom Wohnzimmer aus mit zornigen, gebieterischen Rufen, zur gewohnten Zeit den Tag zu beginnen. Die Sonne war ja garantiert schon aufgegangen, wir enthielten sie ihr nur vor, hatten das Tageslicht nur deshalb noch nicht hereingelassen, weil wir es nicht wollten. Das bewies ja das Licht, das durch die Spalten der Rollläden sickerte. Auch das Lärmen der Vögel in den Eichen draußen im Garten ließ nicht den geringsten Zweifel daran, dass der Tag längst begonnen hatte. Nur wir, die wir die Macht besaßen, das Leben aufleuchten zu lassen, wir kamen einfach nicht aus den Federn. Verschlafen hörten wir vom Bett aus dem ohnmächtigen Lärmen des kleinen Tieres zu, das nach einem pünktlichen Tagesbeginn verlangte, zur gleichen Zeit wie immer, als besäße es eine innere Uhr – Katzen sind Gewohnheitstiere. Waren wir dann endlich aus dem Bett gestiegen, trafen wir auf eine leicht mürrische Tris-Tras, die uns zu sagen schien: »Was habt ihr denn die ganze Zeit gemacht?«

Jetzt, da wir nur für uns allein aufstehen, vermissen wir diese lebensbejahende Forderung eines Wesens, das das Licht über alles liebte und immer darauf aus war, Vögel zu beobachten.

Den Vögeln widmete sie ganze Vormittage, besonders an hellen Frühlings- oder Herbsttagen. Vogelbeobachtung war ein dauerhaft eingefordertes Katzenrecht. Hätten Katzen die Menschenrechtserklärung verfasst, wäre Vogelbeobachtung vermutlich als unveräußerliches Recht mit aufgenommen worden, so unveräußerlich wie das Recht auf Leben oder das Recht auf Freiheit. So aber steht Vogelbeobachtung sicher an prominenter Stelle der Katzenrechtscharta, einem wesentlich bescheideneren, aber nicht minder anspruchsvollen Kodex.

Stundenlang beobachtete Tris-Tras den Flug der Spatzen, die sich oft dreist und schamlos auf derselben Fensterbank niederließen, auf der auch sie saß, jagdbereit. Nur eine Glasscheibe trennte die vermeintliche Beute von der schlanken, hochaufmerksamen Jägerin, die mit gespitzten Ohren und gesträubtem Nackenfell auf der Lauer saß, bereit zum tödlichen Sprung. Leider vergebens. Die schlauen Spatzen, die sich der unsichtbaren Barriere durchaus bewusst waren, setzten sich vorwitzig und frech den funkelnden Blicken eines machtlosen, in seinem gläsernen Käfig gefangenen Raubtiers aus.

Auf einigen der vielen Fotos, die wir im Lauf der Jahre von Tris-Tras gemacht haben, ist sie in dieser Haltung der Vogelbeobachtung verewigt: Vor dem Fenster, durch das der lichtdurchflutete Innenhof zu sehen ist, zeichnet sich im Gegenlicht ihre Gestalt ab (die spitzen Ohren aufgestellt). Auf einem anderen Foto hat sie sich zwischen die Vorhänge geschlichen, um aus dem Fenster zu schauen, und nur ihr Schwanz, der unter einer Gardinenfalte hervorschaut, ist deutlich zu erkennen, die übrige in die Beobachtung vertiefte Katze ist eher eine verschwommene Silhouette. Auf mehreren Fotos schaut sie nach oben, das Gesicht in Sonne gebadet, als erlebe sie gerade eine Offenbarung; wir aber ahnen, dass ihr scharfer Raubtierblick am klaren Himmel eines Schönwettertages dem hohen Flug eines Vogels folgt, so fern, so sehnsüchtig betrachtet.

Den Körper einer Katze gilt es Schritt für Schritt zu erobern. Katzen haben ihren Stolz und lassen sich anfangs nicht gerne berühren, deshalb sollte man es machen wie der kleine Prinz mit dem Fuchs in Saint-Exupérys Erzählung: Sich ihr ganz allmählich nähern, Tag für Tag ein bisschen mehr, bis man das Vertrauen des friedfertigen kleinen Raubtiers gewonnen hat. Im Verlauf dieses Prozesses lehren uns Katzen einige heutzutage oft missachtete und dennoch unerlässliche Tugenden: Geduld, Ausdauer, die Fähigkeit zu warten, ohne mit sofortigem Erfolg zu rechnen. Es gilt, den kleinen Fellkörper nach und nach, Abschnitt für Abschnitt zu erobern, bis der Augenblick gekommen ist, in dem die Katze uns erlaubt, ihre empfindlichsten Stellen anzufassen: den Schwanz, das weiche, wuschelige Bauchfell oder die kühle, ledrige Haut zwischen den Zehen, in denen die Krallen sitzen.

Ich erinnere mich gut an die ersten Versuche, uns Tris-Tras zu nähern. Sie war wenige Tage zuvor zu uns gekommen, war noch misstrauisch und flüchtete meistens vor uns. Nachts hörten wir manchmal ein vorsichtiges Tapsen, auf leisen Pfoten erkundete sie jeden Winkel der Wohnung. Tagsüber aber versteckte sie sich gern an Plätzen, die sie für sicher hielt, unter einem Sessel, zwischen zwei Stuhlbeinen, hinter dem Fernseher, im Spalt zwischen den Büchern im Regal und der Wand (manchmal rutschte dann plötzlich ein Buch wie von selbst Richtung Regalrand und fiel krachend zu Boden, was eine blitzartige Flucht auslöste) oder auch unter der Tagesdecke auf unserem Bett. Dort bildete sich dann in der Mitte ein komischer Buckel, die formlose Gestalt eines Tieres, das ganz bestimmt nicht dort war, da es ja niemand sehen konnte.

Nach und nach ließ sie sich häufiger blicken, und eines Nachmittags ertappte ich sie dabei, wie sie im Gästezimmer auf dem Bett saß und sich in der Sonne putzte. In diesem Zimmer stand auch ein kleines Sofa, das man zu einem zweiten Bett ausklappen konnte. Ich machte es wie der kleine Prinz. Ich tat, als hätte ich sie nicht gesehen, setzte mich auf das Sofa und begann nun meinerseits, mich zu putzen, auf die einzige Art, die mir in den Sinn kam: indem ich mir die Nägel feilte. Ein ruhig dasitzendes Tier, das sich die Krallen wetzt, ähnelt am ehesten einer Katze, die sich in der Sonne das Fell putzt. Und siehe da, klug, wie sie war, begriff Tris-Tras die nonverbale Botschaft, die gewissermaßen eine Gemeinsamkeit zwischen uns schuf, sprang vom Bett und machte es sich neben mir auf dem Sofa bequem, mir betont den Rücken zuwendend.

Da wusste ich, dass sie mir endlich vertraute. Denn seinem Feind kehrt man nicht den Rücken. Setzt oder legt sich eine Katze so hin, dass sie uns den Rücken und das runde Hinterteil zeigt und den Blick zur Zimmertür richtet, beweist sie uns mit dieser Haltung, die man als Ausdruck stolzer Verachtung missverstehen könnte, eindeutig ihr Vertrauen und ihre Zuneigung: Von dir habe ich nichts zu befürchten, sagt sie uns, ich schau zur Tür, weil ich wachsam bin, bereit, dich gegen etwaige Raubtiere zu verteidigen, die sich durch den Flur anschleichen und versuchen könnten, in unsere Höhle einzudringen. Das aber, denkt die Katze, wird den Raubtieren nicht gelingen, solange ich hier bin, um diesen Ort zu verteidigen, der mir gehört und, na ja, zugegeben, auch ein bisschen dir.

Es heißt, eine Katze zu streicheln verlängere das Leben, dermaßen weich ist ihr Fell. Wenn man es schafft, der Katze dabei noch ein Schnurren zu entlocken, und wenn sie sich sogar ein paarmal verschmust an einem reibt, wird das Streicheln zur reinster. Entspannungsübung. Aber auch hier muss man vorsichtig sein, in kluger Selbstbeherrschung die Eroberung schrittweise betreiben. Beim Erlernen des Katzenstreichelns sollte man sich folgende Ratschläge zu Herzen nehmen:

- Zunächst hält man die Hand, am besten ganz still, vor die kleine Katzenschnauze, damit sie ausführlich erkundet und beschnüffelt werden kann. Dabei sollte man es erst einmal belassen.
- Verpasst einem die Katze keinen Prankenhieb und faucht einen nicht feindselig an, wenn sie also die Hand akzeptiert, kann man es wagen, ihren Kopf zu streicheln. Eine Spruchweisheit besagt: »Soll die Katze bei dir bleiben, musst du sie am Köpfchen reiben.« Tatsächlich ist es empfehlenswert, mit dem Kopf zu beginnen, und zwar an der Stelle zwischen den Ohren. Dort putzen sich die Katzen für gewöhnlich mit einer angefeuchteten Vorderpfote, die sie beim Über-den-Kopf-Reiben so sonderbar verbiegen, als wären ihre Knochen aus Gummi. Katzen erreichen diese Stelle nur schlecht, weshalb sie bisweilen Hilfe nicht abgeneigt sind. Hier gewinnt ihr charakteristischer Sauberkeitssinn die Oberhand über den gesunden Katzenverstand, der eher zu Misstrauen angesichts eines so großen Tieres raten würde, das Interesse an ihrem Köpfchen zeigt.
- Streicheln Sie den Kopf zunächst mit einem Finger. Falls keine Abwehr erfolgt, kraulen Sie ein wenig mit dem Fingernagel.

- Geht alles gut, können Sie fortfahren, indem Sie mit dem Finger sanft von der Schädeldecke aus um die Ohren wandern. Sie werden feststellen, dass das Fell hier weicher ist, ähnlich dem Flaum eines Vogels.
- Nicht selten führt das Streicheln hinter den Ohren dazu, dass die Katze ihre Schnauze an der Hand oder am Bein des Streichelnden reibt. Jetzt heißt es wachsam bleiben, denn manche Katzen verlieren vor lauter Wonne das rechte Maß und beißen zu. Und obwohl ein solcher Biss ein Zeichen von Einverständnis und Dankbarkeit ist, tut er weh. Mitunter schnellt auch eine übermütige Tatze nach vorne, entweder mit eingezogenen Krallen (Spieleifer oder unblutige Warnung) oder mit ausgefahrenen Krallen. Mit diesen kleinen, äußerst spitzen Haken erteilt uns die Katze eine Abfuhr: Lass mich in Ruhe! Vergiss nicht, ich bin eine Katze und gehöre der Familie der Tiger und Löwen an.
- Sollten Sie es bis hierhin geschafft haben, ohne gebissen oder gekratzt worden zu sein, können Sie sich weiter vorwagen. Streichen Sie über die Wirbelsäule mit ihren einzeln spürbaren, beneidenswert beweglichen Wirbeln.
- Wenn es Ihnen gelungen ist, mehrmals vom Nacken bis zum Schwanzansatz zu fahren, haben Sie die erste Lektion im Streicheln einer Katze erfolgreich absolviert. Für heute sollten Sie es dabei bewenden lassen, denn eine der Tugenden, die Katzen am meisten schätzen, ist Mäßigung. Zu ausgiebiges Streicheln

empfinden sie als lästig, und so könnte die erste Begegnung ein unschönes Ende nehmen. Morgen also mehr.

- Die nächste Lektion ist bereits Teil des Fortgeschrittenenprogramms. Nicht ganz einfach ist es mit dem Schwanz: Wie bereits geübt, mit der Hand die Wirbelsäule bis zum Schwanzansatz entlangfahren, nun die Hand um den Schwanz schließen (ohne Druck) und bis zur Schwanzspitze weiterwandern. Als ich das bei Tris-Tras zum ersten Mal versucht habe, warf sie sich herum, versetzte mir einen watteweichen Tatzenhieb mit achtsam eingezogenen Krallen, um mir nicht weh zu tun, und schaute mich entrüstet an: »Hände weg, Dummkopf.«

- In der letzten Übungseinheit geht es darum, die Katze dazu zu bewegen, dass sie sich am Bauch berühren lässt, dort, wo ihr Fell am weichsten ist. Haben Katzen sich erst einmal an das Streicheln des Bauches gewöhnt, genießen sie es so sehr, dass sie es zu einem der vielen Katzen-Grundrechte erklären: Sie legen sich auf den Rücken und fordern miauend (manchmal lautstark), man solle endlich ihren Bauch streicheln. Und wir Menschen bücken uns und tun ihnen den Gefallen. Wir sind gerührt von dem Vertrauen, das uns das kleine Tier entgegenbringt, das sich da rücklings und mit angezogenen Pfoten ausliefert. Denn es bietet uns seine verwundbarste Stelle dar, die Stelle, in die ein Raubtier seine Zähne schlagen würde, um ihm das Fell zu zerreißen und an die nahrhaften Innereien zu gelangen. Eine so daliegende Katze zu töten wäre ein Leichtes für uns – wenn wir es wollten. Aber wir wollen es nicht, und das weiß sie.

Die vollkommene, absolute Schönheit eines Tieres, ohne einen einzigen körperlichen Makel: ein harmonisches Ganzes. In der mittelalterlichen Literatur kannte man die *descriptio puellae*, die Beschreibung der Schönheit eines jungen Mädchens. Von Kopf bis Fuß verglich man jedes seiner Körperteile mit einem hübschen Gegenstand. Ich betrachte die Fotos (wir haben Hunderte gemacht), auf denen die Schönheit des Fellfräuleins Tris-Tras in all ihrer Pracht zu erkennen ist.

Die Beschreibung beginnt mit dem Kopf. In unserem Fall gleicht er einer samtüberzogenen Elfenbeinschatulle, in der, von außen unsichtbar, ein walnussförmiger Alabaster ruht: das Gehirn. Oft kann man gar nicht glauben, dass in eine so kleine Höhle wie den Katzenschädel so viele übermütige und ausgeklügelte, energische und unverrückbare Ideen passen.

An der Elfenbeinschatulle ragen zwei seidenweiche Ohren empor, durch die sich, im Gegenlicht eines sonnigen Morgens betrachtet, ein Netz aus feinen Äderchen zieht.

Die breite Stirn kennzeichnet ein großes M in einem etwas dunkleren Farbton. Man könnte sie mit einer weichen, gemaserten Schiefertafel vergleichen, auf der jemand zu schreiben begonnen hat.

Die Augen sind goldgelb. Daher bietet sich der Vergleich mit durchscheinenden Bernsteinperlen an. In ihnen schweben kleine schwarze Sprenkel wie winzige Insekten, im Blick eingeschlossen seit Katzengedenken.

Beide Augen schmückt eine ägyptisch anmutende dunkelbraune Linie, die am oberen Lid entlang und über die Wangen bis zum Hals hinunter läuft. Dank dieser »Naturschminke« gleichen die Augen denen einer Nilprinzessin.

Streifen von derselben Farbe, nur etwas dunkler, führen rings um den Hals und ähneln nicht abnehmbaren Ketten oder Halsreifen.

Die gleichen Streifen, nur schmaler, winden sich um die Vorderpfoten: Das sind ihre Armreifen.

Die Tatzen, so behaupten wir, sind kleine Kissen, durch und durch weich. Was nicht ganz stimmt, denn in ihnen lauern spitze Krallen – auf dem Foto sind sie nicht zu sehen. So wenig wie die gepolsterten, mit glattem, glänzendem braunen Leder überzogenen Ballen, die Kaffeebohnen gleichen.

Für den Rücken findet sich leicht ein Bild: ein Bogen, der sich nach Belieben lockert oder spannt, als wollte er einen Pfeil in den Wind schießen.

Der Schwanz ist eine gefiederte, gold und beige geringelte Schlange.

Der Bauch ist ein seidiges Wirrwarr, und wenn Tris-Tras den Rücken rundet, die Hinterläufe dehnt und den Schwanz in die Höhe reckt, zeigt sie ganz unbeschwert ihren Anus, rosig und sauber wie eine Blume.

In unserer Wohnung finden sich noch immer ihre Spuren, die Zeichen, mit denen sie ihr Territorium versehen hat. Es dauerte eine Weile, bis wir begriffen, dass die dunklen Schatten im unteren Bereich der Türpfosten etwas mit Tris-Tras zu tun hatten. Fährt man mit dem Finger über diesen gräulichen, stumpfen Belag, spürt man seine speckige Konsistenz. Es sind Reste der öligen Substanz im Fell eines Tieres, das einmal unser gesamtes Territorium als sein eigenes markiert hat. Wenn Tris-Tras von einem Zimmer ins andere lief, strich sie oft kaum wahrnehmbar an den Türpfosten entlang; dasselbe tat sie an Tisch- und Stuhlbeinen, an der Terrassentür, den Bettpfosten und einigen Heizkörpern. Sie streifte sie so leicht, dass wir es kaum bemerkten. Jetzt ist sie fort, und die gesamte Wohnung ist markiert. Dutzende, Hunderte Male strich ihr Körper an denselben Stellen entlang und hinterließ seine von uns erst kürzlich entdeckten Spuren. Tränen steigen uns in die Augen, während wir sie mit Lappen und Haushaltsreiniger abwischen und den Ort, der ihr Revier war, uns wieder aneignen. Es ist, als eroberten wir unbewohntes, ödes Land.

Die Katze ist das einzige Haustier, das nicht vom Menschen gezähmt wurde. Nicht dass sie ein noch wildes Tier wäre (wenn es auch bisweilen so scheint) oder unfähig, mit dem Menschen zusammenzuleben. Tatsache ist, dass nicht der Mensch die Katze, sondern die Katze sich selbst domestiziert hat. Bei anderen Tierarten nahmen Menschen deren Junge zu sich, zähmten sie oder übten mit ihnen ein Zusammenleben ein. Die Katze aber hat von sich aus beschlossen, in die Häuser der Menschen einzuziehen. Deshalb hat eine Katze keinen Herrn, deshalb ist die Grundlage des Lebens mit ihr immer ein Pakt, eine Abmachung, und nicht eine Unterwerfung (wenn überhaupt, sind es die Katzen, die die Menschen unterwerfen, diese riesigen, gleichwohl recht fügsamen Tiere).

Auf den Marktplätzen nordafrikanischer Städte begegnet man noch heute Geschichtenerzählern. Vor einem kleinen Kreis von Zuhörern geben sie aus dem Stegreif Geschichten zum Besten, die von Generation zu Generation mündlich überliefert wurden und die jeder Erzähler nach Belieben ausschmückt. Dazu gehört auch jene von der Zähmung des Menschen durch die Katze, und eine ihrer möglichen Versionen lautet wie folgt:

Vor Tausenden von Jahren hatte die Katze einen einzigen sehnlichen Wunsch, nämlich in die Kornkammern des Menschen zu gelangen. Nicht das Getreide lockte sie, denn für eine Katze hat es keinerlei Wert. Sie hatte vielmehr beobachtet, dass Ratten und Mäuse in die Getreidespeicher huschten. Durch jedes noch so kleine Loch und jeden noch so schmalen Torspalt schlüpften sie hinein, um sich über Weizen und Gerste herzumachen. Da dachte sich die Katze, die ein schlaues und listiges Tier ist, wenn auch sie in die Scheunen und Kornkammern der Menschen gelänge, fände sie dort allzeit reiche Beute und könnte sich mühelos und ohne Gefahren ernähren.

Den menschlichen Ansiedlungen, zu denen diese Kornkammern gehörten, konnte sie sich aber unmöglich nähern. Die Katze war ein wildes Tier, das in der Wüste lebte. Nachts, wenn die Erde sich von der glühenden Hitze erholte und Insekten und Kleingetier ihre Schlupflöcher im Sand verließen, um in der kühlen Nachtluft aufzuleben, ging sie auf die Jagd. Der Mensch verabscheute die wilden Wüstentiere, er tat alles, um sie von seinen Behausungen fernzuhalten, jagte und tötete sie sogar. Deshalb konnte sich die Katze den menschlichen Ansiedlungen und den Getreidekammern nicht nähern.

Die Katze aber besitzt eine Eigenschaft, die dem Menschen fremd ist. Sie ist geduldig, sie kann warten. Im Gegensatz zum Menschen, der alles rasch erledigen will, der voller Hast seiner Arbeit nachgeht und kaum Zeit findet, sich auszuruhen, setzt die Katze sich hin, macht es sich bequem und wartet auf die beste Gelegenheit. Erst dann schreitet sie zur Tat. So überlegte die Katze und überlegte und überlegte, wie sie in die Getreidescheunen gelangen könnte. Bis sie schließlich beschloss, einen ersten kleinen Versuch der Annäherung zu wagen.

Eines Nachts, als die Menschen schliefen, schlich sich die Katze in die Nähe einer Siedlung und suchte sich einen Baum aus, der ihr für ihr Vorhaben geeignet schien. Mit Hilfe ihrer spitzen Krallen kletterte sie den Stamm hinauf und setzte sich auf einen der oberen Äste. Dort wählte sie einen Platz, der von unten gut sichtbar war, von dem sie aber auch leicht flüchten konnte, falls die Menschen versuchten, sie einzufangen.

Es wurde Tag, und zunächst bemerkten die Menschen die Katze nicht. Obwohl sie für jedermann zu sehen war, fiel sie mit ihrem Fell im Licht- und Schattenspiel des Blattwerks nicht auf. Auch waren die Menschen viel zu sehr mit ihrer Arbeit beschäftigt und schauten nicht einfach so, zum Vergnügen, nach oben, dorthin, wo die Katze saß und sie von ihrem sicheren Ast aus beobachtete. Also wartete die Katze und wartete und wartete.

Nach einigen Tagen geschah es zur Mittagszeit, als die Sonne am höchsten am Himmel stand, dass die Menschen die Müdigkeit und die Hitze nicht länger ertrugen und sich unter einen Maulbeerbaum setzten. Dieser Baum spendet besonders kühlen Schatten. Es war derselbe Baum, der schattigste von allen, auf den sich die Katze in weiser Voraussicht gesetzt hatte. Einer der Menschen streckte sich im Schatten aus, und als er hinaufschaute, sah er die Katze, die bequem hoch oben auf ihrem Ast saß. Er zeigte sie den anderen, und da begannen alle, mit Steinen nach ihr zu werfen, um sie zu töten oder vom Baum zu jagen, wie sie es mit allen Raubtieren taten. Die Menschen von damals waren rohe Gesellen und machten kaum einen Unterschied zwischen einer Katze und einer Schlange oder einem Schakal. Für sie waren alle freilebenden Tiere gleich. Doch da die Katze auf einem sehr hohen Ast saß, erreichten die Steine, die nach ihr geworfen wurden, sie nicht, sondern fielen immer wieder auf die herab, die sie geworfen hatten. Schließlich waren die Menschen es leid, von Steinen getroffen zu werden, die sie selbst hoch in den Baum geworfen hatten, und beschlossen, die Katze in Frieden zu lassen. Unter ihren wachsamen Blicken wollten sie sich noch ein wenig ausruhen und dann wieder an die Arbeit gehen. Die Katze blieb, wo sie war, an der Stelle, die sie sich ausgesucht hatte. Sie blieb, solange ihr danach war, verschwand, wenn sie Lust dazu hatte, und kehrte zurück, wann immer es ihr gefiel. Und manchmal fing sie einen der Vögel, die herbeiflogen, um von den Früchten des Baumes zu fressen.

Nach einiger Zeit stellten die Menschen fest, dass die Vögel den Baum, den die Katze Tag für Tag aufsuchte, nicht länger leer fraßen, weil sie von der Katze gefangen wurden oder weil sie aus Angst vor ihr dem Baum fernblieben. Das fanden die Menschen gut und freuten sich, dass die Katze immer wieder auf den Baum kletterte. Sie sollte ruhig dort oben sitzen bleiben, je länger, desto besser. So begann die Katze, den Menschen zu zähmen, denn die Zähmung eines Tieres fängt stets damit an, dass das zu zähmende Tier die Gegenwart seines neuen Herrn akzeptiert, ohne ihn anzugreifen. Die Katze hatte genau das erreicht: dass der Mensch ihre Gegenwart akzeptierte, sie sich sogar wünschte.

Nachdem der Mensch sich also an die Gegenwart der Katze gewöhnt und sie als Herrin anerkannt hatte, war es für diese ein Leichtes, in die Scheunen des Menschen zu gelangen, denn sie hat einen geschmeidigen, wendigen Körper, kann springen und klettern. Zwar passte sie nicht durch die kleinen Löcher in den Scheunentoren, aber sie schlüpfte mit Leichtigkeit durch die Klappen, durch die das Getreide in die Speicher geschüttet wurde, oder durch die Dachluken, die man angebracht hatte, damit das Getreide trocknete und nicht verfaulte. Nun jagte sie dort Nacht für Nacht, nach Herzenslust und ohne große Mühe, denn Ratten und Mäuse kamen arglos herein und sahen die Katze nicht, die sich zwischen den Getreidehaufen versteckt hatte. Tagsüber konnte die Katze in den Scheunen schlafen, vor der Hitze geschützt

Aber die Katze war stolz. Es genügte ihr nicht, in den Getreidekammern der Menschen zu jagen und bequem zu schlafen, sie wünschte sich, der Mensch möge sich dankbar zeigen und nach ihren Gefälligkeiten verlangen. Deshalb begann sie, gezielt tote Mäuse an Stellen abzulegen, wo der Mensch sie sehen musste, wenn er das Korn aus der Scheune holte. Dabei achtete sie tunlichst darauf, ihre Krallenspuren gut sichtbar an dem kleinen Tier zu hinterlassen, damit der Mensch erkennen konnte, wer es getötet hatte. Bisweilen tappte sie sogar absichtlich durch das Blut ihrer Beute oder wetzte sich die Krallen am Kalk, mit dem die Scheunenwände bestrichen waren, und lief dann überall mit blutverschmierten oder kalkweißen Pfoten umher, deutliche Tatzenspuren hinterlassend. Der Mensch sollte sehen, wer ihm diese Dienste erwies und wem er dafür zu danken hatte, dass er von all den Ratten und Mäusen, die stets sein Getreide fraßen, befreit wurde. Der Mensch war etwas langsam und schwer von Begriff, irgendwann aber fiel ihm auf, dass es in den Kornkammern, in denen er Katzenspuren entdeckte, keine Ratten mehr gab und das Korn nicht mehr weniger wurde. Da war er der Katze so dankbar, dass er ihr erlaubte, in seinen Scheunen zu wohnen und dort nach Herzenslust ein und aus zu gehen.

Aber die Katze war stolz. Sie wünschte sich, größere Macht über die Menschen zu haben, Einlass in ihre Häuser zu finden und sich das Beste daraus zu nehmen. Und während sie so auf den Getreidehaufen hockte, die den Lebensunterhalt der Menschen darstellten, begann sie abermals zu überlegen, wie sie ihr Ziel erreichen könnte, und sie überlegte und überlegte und überlegte.

Nach langem Grübeln fiel ihr plötzlich ein, dass dem Menschen überaus viel an seinen Sprösslingen lag, für die er hingebungsvoll sorgte und die er jahrelang ernährte. Da dachte die Katze, falls es ihr gelänge, auch die Jungen des Menschen zu zähmen, würde der Mensch ihr gewiss jeden Wunsch erfüllen und stünde ihr ganz zu Diensten.

Im Übrigen schätzte die Katze die Menschenjungen, da sie stets an behaglichen, gut geschützten Plätzen lagen und einen köstlichen Duft nach der warmen Milch verströmten, die sie an den Brüsten ihrer Mutter, dem Menschenweibchen, tranken. So schlich sich die Katze eines Tages in das Haus des Menschen. Ob sie durch eine angelehnte Tür oder durch ein Fenster oder durch ein Loch im Dach hineingelangte, das wissen wir nicht, nur dass die Katze auf all diesen Wegen ins Haus gelangen konnte, dass es für sie kein echtes Hindernis gab. Überdies war sie mutig und scheute keine Gefahr. Sie kauerte sich in eine Ecke und wartete, bis es Nacht wurde und der Mann und seine Frau einschliefen. Dann kroch sie aus ihrem Versteck und schlich zu der Wiege, in der das Menschenjunge lag, kuschelte sich neben das kleine Geschöpf, um sich an ihm zu wärmen, und schlief alsbald ein. Da das Junge noch sehr klein war, glich es einem Tier, war folglich weiser als seine Eltern – denn beim Heranwachsen geht den Menschen mehr und mehr Weisheit verloren, was an einer Krankheit namens Vernunft liegt – und fand die Wärme der Katze und ihr weiches Fell, das noch weicher und wärmer war als die Haut seiner eigenen Mutter, des Menschenweibchens, sehr angenehm. Und so kuschelte es sich an die Katze, und beide schlummerten in dieser Nacht viele Stunden eng aneinandergeschmiegt. Die Katze hatte das Menschenjunge gezähmt.

Während Katze und Kind in köstlichem Schlaf in einer Wiege beieinanderlagen, kroch eine Ratte aus ihrem Loch. Denn der Duft nach warmer Milch, den die Säuglingslippen verströmten, lockt auch sie. Oft huschen sie zu den Wiegen, in denen die Kleinen schlafen, schlüpfen unter die Bettdecke und knabbern an deren Öhrchen und deren Händchen, für Rattenmäuler süße Delikatessen.

Und so war es auch diesmal. Die Ratte kroch in die Wiege des Säuglings, um an dessen Öhrchen und Fingerchen zu knabbern, die so lecker nach Milch dufteten. Sie merkte aber nicht, dass dort die Katze in der Wärme des Menschenjungen schlief. Katzen haben ein überaus feines Gehör und können im Dunkeln sehen, und so erwachte die Katze sofort, machte sich an Ort und Stelle, in der Wiege, und fast ohne sich zu rühren, jagdbereit, packte die Ratte, schlug ihr die Zähne in den Nacken und tötete sie mit einem gezielten Prankenhieb.

Die Katze ist ein schlaues und listiges Tier, und obwohl sie hungrig war und die Ratte liebend gern verspeist hätte, kam ihr der Gedanke, es könnte doch nützlich sein, sie nicht zu fressen, sondern vor die Wiege fallen zu lassen. Dann wäre der Mensch ihr dankbar wie schon zuvor, als er die toten Mäuse in der Scheune fand. Gesagt, getan. Als am Morgen die Frau des Menschen ihren Säugling stillen wollte, sah sie die Ratte am Fuß der Wiege liegen und erschrak. Dann entdeckte sie neben dem Kind die schlafende Katze (die nur so tat, als schliefe sie) und begriff, dass sie den Säugling vor dem Tod gerettet hatte oder zumindest vor der Gefräßigkeit der Ratte, die ihm Ohren und Finger abgenagt hätte. Unverzüglich erzählte die Frau ihrem Mann von der Entdeckung, damit auch er der Katze dankte für den großen Dienst, den sie ihnen erwiesen hatte.

Von diesem Tag an erlaubte der Mensch der Katze, nach Lust und Laune in seinem Haus ein und aus zu gehen, im Winter neben dem warmen Ofen und im Sommer im kühlsten Winkel des Hauses zu liegen. Und zum Dank stellte er ihr täglich etwas von den Nahrungsmitteln hin, die er selbst am liebsten aß, und die Katze fraß sie, mal ja, mal nein, ganz wie es ihr gefiel. Fortan fügten der Mensch und seine Familie sich in allem den Wünschen der Katze: Wenn der Mensch sich irgendwo hinsetzen wollte, wo schon die Katze lag, verscheuchte er sie nicht, sondern begnügte sich mit einem anderen Platz, denn die Katze durfte als Erste wählen, wo sie sich niederlassen wollte, erst dann wählte der Mensch. Und wenn eine Tür geschlossen war und die Katze sich davorstellte und miauend verlangte, man sollte sie ihr öffnen, liefen der Mann oder die Frau oder das Kind gleich herbei und machten ihr den Weg frei, denn dem Miauen der Katze folgten sie wie einem Befehl, der unbedingten Gehorsam verlangt.

Damals hielten sich viele Menschen Vögel, um sich an ihrem Gesang und der Farbe ihres Gefieders zu erfreuen und ihre Nähe zu genießen. So lebten in den Häusern des Menschen Singvögel, Hühner und Hähne, Gänse und anderes Federvieh, das in den Höfen und Zimmern frei umherlief, den Männern und ihren Frauen Gesellschaft leistete und den Kindern als Spielgefährten diente.

Die Katze störte das sehr, denn die Vögel waren schmutzig und hinterließen überall ihre Exkremente. Für eine Katze aber gibt es nichts Lästigeres als Schmutz. Außerdem pickten die Vögel, auf den Schutz ihrer Herren vertrauend, frech in dem Futter herum, das man für die Katze hingestellt hatte, oder setzten sich an deren Lieblingsplätze. Und wenn die Katze sie fortjagte, hinterließen sie lauter Federn und Kotgeruch, so dass die Katze lange scharren und sich putzen musste, um den Gestank wieder loszuwerden.

Also beschloss sie, die Vögel aus dem Haus zu vertreiben, und begann, sie ohne Unterlass zu jagen und ihnen keine Ruhe mehr zu gönnen, so dass die Menschen hin und wieder eine tote Turteltaube auf ihrem Bett fanden oder mitten im Hof, neben dem Brunnen, eine Gans mit abgerissenem Kopf.

Da die Menschen nicht so schnell von Begriff sind, dauerte es eine Weile, bis der Groschen fiel und sie die Vögel aus den Häusern verbannten. Sie sperrten sie in Käfige oder Gehege, wo sie sie fütterten und versorgten, und so liefen nun nicht länger Hühner durch die Schlafgemächer, und die Tauben flatterten nicht mehr durch die Küchen. Die Katze war nun die einzige Herrin über die Wohnstatt des Menschen.

Gelegentlich, wenn sie rollig war oder Lust hatte, in fremden Revieren zu jagen, verließ die Katze das Haus des Menschen, verschwand für Tage oder Wochen und kehrte erst zurück, wenn ihr danach war, denn sie brauchte nicht um Erlaubnis zu fragen, um in Haus, Scheune oder Gemüsegarten des Menschen ein und aus zu gehen. Und wenn die Katze heimkehrte und der Mann und die Frau sie durch die Tür kommen oder in ihrer Lieblingsecke sitzen sahen, freuten sie sich und sagten zueinander: »Sieh mal, die Katze ist wieder da!« Wie eh und je brachten sie ihr Futtergaben dar oder wagten es, ihr zum Zeichen ihrer Unterwürfigkeit mit der Hand über den Rücken zu streichen, denn so drückt der Mensch seine Ergebenheit gegenüber der Katze aus. Bisweilen machte die Katze den Rücken krumm und reckte den Schwanz in die Höhe, um zu zeigen, dass sie die Ergebenheitsbekundung annahm. War sie aber schlecht aufgelegt, fauchte sie und fuhr die Krallen aus, damit der Mensch von ihr abließ und sie nicht länger belästigte.

Eines Tages starb die Katze, und der Mensch war so untröstlich, dass er wenigstens ihren Leichnam aufbewahren

42

wollte. Er ließ Einbalsamierer kommen, die den Katzen-
körper einbalsamierten und mumifizierten, wie sie es mit
den Menschen taten, und ihn in einen kleinen, nach Kat-
zenmaß angefertigten Sarg legten. Dann bestattete der
Mensch die Katze mit all den ihr gebührenden Ehren, und
von diesem Tag an betrachtete er sie als Gott und ließ
sogar Wandgemälde und kleine Skulpturen nach ihrem
Ebenbild schaffen.

Die Katze aber hatte auf Erden eine große Nachkommen-
schaft hinterlassen, und bald kamen andere Katzen in die
Häuser, nahmen dort die ihnen zustehenden Plätze ein
und empfingen die ihnen gebührenden Huldigungen. Und
die Menschen freuten sich, dass ihr wiedergeborener Gott
sie besuchte.

So hat die Katze den Menschen gezähmt und sich unter-
tan gemacht, und diese Herrschaft dauert bis heute an.

Die Menschen – denkt die Katze – leiden an einer angeborenen degenerativen Krankheit namens Vernunft,
die ihre Lebensqualität enorm einschränkt. Wird sie
nicht richtig behandelt, das heißt, setzt man die Vernunft nicht immer wieder längeren Phasen der Untätig-
keit aus, kommt es mitunter zu tödlichen Folgen für
den Geist.

Anfangs zeigen sich nur schwache Krankheits-
symptome. Das Menschenjunge, Baby oder Säugling
genannt, gleicht in Aussehen und Verhalten jedem beliebigen Tierjungen. Es isst, wenn man ihm zu essen
gibt (wie viele Jungen ist es noch nicht in der Lage, sich

seine Nahrung selbst zu suchen), es schläft vernünftig (das heißt, immer dann, wenn es müde ist), verrichtet problemlos seine Notdurft (wenn auch ohne jeden Sinn für Reinlichkeit; undenkbar für eine Katze, die so etwas nicht einmal in den ersten Lebenstagen ertragen würde), und die wenigen Stunden, in denen es wach liegt, verbringt es damit, nichts zu tun, nichts zu denken oder sich mit flüchtigen, belanglosen, nur auf die Gegenwart bezogenen Beschäftigungen zu vergnügen, etwa seine kleinen Hände im Gegenlicht zu betrachten, winzige Schreie auszustoßen, um die eigene Stimme zu testen, oder sich am Fuß zu lutschen. Fühlt es sich wohl, äußert es seine Zufriedenheit, fühlt es sich unbehaglich oder ärgert es sich, zeigt es dies auch ohne Scheu. Vor allem ist das Kleinkind noch frei vom schlimmsten Symptom der Krankheit, jener Sucht, die Zukunft zu planen, sich auszumalen, was alles einmal passieren könnte oder vielleicht nie passieren wird, eine Sucht, die beim Menschen zu einem ernsten Verlust an Achtsamkeit führt. Das Nachdenken darüber, was kommen oder nicht kommen mag, verhindert irgendwann, dass der erwachsene Mensch die ihn umgebenden Dinge wahrnimmt. Stets denkt er an morgen oder blickt zurück und schenkt der Gegenwart kaum Beachtung. Er geht durchs Leben wie ein Schlafwandler, in seine Gedanken vertieft und losgelöst von der Wirklichkeit.

Eines der allerersten Symptome besteht in der Einnahme einer eigenartigen Körperhaltung. Ganz plötzlich, fast von einem Tag auf den anderen, will das Kleinkind nicht mehr auf allen vieren laufen, was nur allzu logisch wäre, sondern beharrt stur darauf die Arme in der Luft zu halten und sich nur noch auf den Beinen fortzubewegen. Es gibt kaum ein Menschenjunges, das nicht mit Beendigung des ersten Lebensjahres diese Symptome aufzuweisen beginnt. Anfangs versucht die weise Natur, ihren Gesetzen Geltung zu verschaffen, und da passiert es leicht, dass das Kleine, wenn es den Kopf falsch hält, das Gleichgewicht verliert und hinfällt. Aber mag es auch noch so oft hinfallen und sich noch so sehr weh tun, die Krankheit setzt sich durch, und das menschliche Wesen bewegt sich schließlich auf höchst sonderbare, instabile Weise fort: Sein gesamtes Körpergewicht wird von den kleinen Ballen der Füße getragen, die sich alsbald zu deformieren beginnen, was langfristig zu Schmerzen führt.

Das ist nicht die einzige Folge der Vernunftkrankheit, unter der die menschlichen Wesen leiden. Die aufrechte Wirbelsäule beginnt sich mit der Zeit zu versteifen. Nie wird ein menschliches Wesen in der Lage sein, sich so zu strecken wie wir Katzen, mit dem Becken zurückzuschwingen, mit den aufgestützten Vorderpfoten einige Schritte nach vorne zu tun, ohne die Hinterläufe zu bewegen, und auf diese Weise die Wirbelsäule und die angrenzende Muskulatur wohltuend zu dehnen. Die Wirbel des Menschen verhärten sich und reiben aufeinander, der Rücken verliert seine Beweglichkeit; kein Wunder also, dass diese Haltung irgendwann große Schmerzen hervorruft. Auch wirkt sich die Krankheit negativ auf Fähigkeiten wie Laufen oder Springen aus. So wird man zum Beispiel nie beobachten können, wie ein menschliches Wesen einen lockeren Satz von der Straße hinauf zu einem Fenster im ersten Stock macht, was bei seiner Größe dem Sprung einer Katze vom Boden auf den Tisch entsprechen würde.

Die vernunftbedingten körperlichen Veränderungen führen außerdem dazu, dass menschliche Wesen nur noch selten eine bequeme Haltung einnehmen. Sie finden längeres Stehen unangenehm und leiden, wenn sie diese Haltung über Stunden beibehalten müssen, unter beträchtlichen Schmerzen und anderen unangenehmen Begleiterscheinungen. Aber auch im Sitzen oder Liegen finden sie selten eine komfortable Position. Außerdem verlieren sie durch die Deformation der Wirbelsäule an Geschmeidigkeit: Ein erwachsener Mensch kann sich nicht mehr an den eigenen Zehen lutschen, wie er es als Kleinkind konnte, und ist unfähig, sich den After oder die Genitalien abzulecken, was – aus unserer Sicht – für die eigene Sauberkeit absolut unerlässlich ist. Die Folge ist eine mangelhafte Hygiene, und wenn der Mensch sich wäscht, muss er sich seltsamer, ja fragwürdiger Methoden bedienen wie etwa der, ganz oder teilweise mit dem Körper ins Wasser einzutauchen.

Die problematischsten Schäden sind allerdings neurologischer Natur. Der menschliche Verstand produziert am laufenden Band eine toxische Substanz namens Gedanken, die nach und nach den gesamten Organismus infiziert. Es gibt nicht ein menschliches Wesen, das nicht ganze Gedankenberge im Kopf mitschleppt. Ein Gedanke an sich ist ja nichts Schlechtes, aber statt wie wir Katzen immer nur einen einzigen, klaren und beharrlichen Gedanken zu verfolgen, befassen sich Menschen wegen dieses Übermaßes an geistigem Ausstoß immer mit mehreren Gedanken gleichzeitig.

Diese Fülle hat zur Folge, dass die Gedanken sich verheddern. Es entsteht ein permanenter Zustand der Verwirrung, der eine Distanz zwischen dem Menschen und der Welt schafft. Er leidet deshalb unter einem kognitiven Defizit hinsichtlich gewisser eindeutiger Signale (Menschen können beispielsweise Erdbeben und Stürme nicht vorausahnen, sie sehen Gefahren nicht kommen und bringen sich folglich nicht rechtzeitig in Sicherheit; da sie von gefährlichen Situationen leicht überrascht werden, sind sie häufig in Unfälle verwickelt). Anstatt zu flüchten, um sich an einem vertrauten Ort in Sicherheit zu bringen, denken Menschen lang und breit darüber nach, was eigentlich gerade geschieht, und tun, als begriffen sie die Vorgänge. Wenn sie dann endlich reagieren, ist es meist zu spät. Das führt dazu, dass die menschlichen Wesen nur sehr schlecht darauf vorbereitet sind, den Widrigkeiten des Lebens zu trotzen. In gefährlichen Situationen produzieren sie Gedanken, anstatt zu handeln.

Eine weitere Folge dieser Überfrachtung des Gehirns ist die weit verbreitete Unfähigkeit des Menschen, so einfache Dinge zu tun, wie es sich gemütlich zu machen und geistig abzuschalten. Den Menschen fällt es ungeheuer schwer – um nicht zu sagen, sie sind außerstande –, einen so einfachen Zustand wie den des Nichtdenkens zu erreichen. Es versteht sich von selbst, dass sie deshalb auch nicht in der Lage sind, in der Gegenwart zu leben: Sie sind zwar körperlich anwesend, aber die Gedanken kreisen um Vergangenes oder Zukünftiges und sind weit weg.

In besonders schweren Fällen der Vernunftkrankheit können die Gedanken den Menschen sogar um den Schlaf bringen. Wenn wir Katzen unsere nächtlichen Streifzüge unternehmen, hören wir oft, wie menschliche Wesen sich in ihren Betten hin und her wälzen: Es sind die Gedanken, die sie nicht zur Ruhe kommen lassen und die ihnen vorgaukeln, sie könnten nachts um vier Uhr, wenn sie so im Dunkeln daliegen, irgendwelche quälenden Probleme lösen, dabei handelt es sich meist um eine Überreaktion ihres Verstandes. Erst wenn es zu tagen beginnt, wenn der Wecker klingelt, finden sie Schlaf.

Katzen verstehen es grundsätzlich – das glaube ich jedenfalls –, das Richtige für ihren Körper zu tun. Sie machen es sich an jedem beliebigen Ort bequem, vorzugsweise an einem warmen, weichen Plätzchen, auf einem Sessel, einem Kissen, auf dem Teppich, einem Stapel Papier, einem Wäscheberg oder auf einem Fliesenquadrat, das von der durchs Fenster hereinscheinenden Sonne ganz warm ist. Wenn sie aufrecht sitzen und sich wachsam umsehen, gleichen sie zuweilen einer fellbezogenen Porzellanvase. Dann machen sie es sich wieder in einer Haltung bequem, die entfernt an ein – ebenfalls fellbezogenes – Brathähnchen erinnert. Manchmal strecken sie ihre Vorderpfoten aus und nehmen die würdevolle Pose einer Miniatursphinx ein; häufiger noch knicken sie ganz selbstverständlich die Vorderpfoten ein, schieben sie unter die Brust und liegen in einer entspannten Haltung da, die uns fast zärtlich stimmt, da ihre krallenbewehrten Vorderpfoten gar nicht mehr gefährlich wirken, sondern wie ein weicher Muff, der zwei biegsame Tatzen, wie aus Gummi, umschließt.

Gern schlafen sie auch zusammengerollt, den Körper auf kuriose, für sie offenbar angenehme Weise verrenkt. Der Kopf liegt zwischen (oder auf) den Vorderpfoten, und die Schnauze berührt den Schwanzansatz: ein weicher Fellkringel. Stört sie das Licht, bedecken sie zuweilen die Augen mit dem Schwanz wie mit einer Schlafbrille oder legen sich in einer fast menschlichen, kindlichen Geste eine Vorderpfote aufs Gesicht. In dieser zusammengerollten Position verbringen sie so viele Stunden, dass man meinen könnte, sie seien tot. Nur das leichte Auf und Ab ihres Fells in der Rippengegend und der sich im Takt ihres tiefen Atmens gleichmäßig hebende und senkende Bauch zeigen, dass das Tier lebt.

Plötzlich öffnet sich ein Auge, dann das andere, und was eben noch ein Brathähnchen im Pelzmantel oder ein gummiartiger Fellkringel war, beginnt, sich träge zu recken. Die furchterregenden Tatzen mit ihren spitzen Krallen kommen zum Vorschein und klammern sich mit weit gespreizten Zehen an die nächstliegende Fläche; die Vorderpfoten werden so gedehnt, und die Muskeln kommen deutlich zum Vorschein, die Hüften strecken sich zurück und wieder vor (und dabei hat man den Eindruck, die Katzen vergessen völlig, dass sie Hinterläufe haben), der Rücken wölbt sich und biegt sich durch, eine Bewegung, bei der sich jeder Wirbel unterm Fell abzuzeichnen scheint – zu Recht gibt es im Yoga ein Asana namens »Katze« –, und ein gewaltiges Gähnen bringt scharfe Eckzähne und die rosafarbene Zunge zum Vorschein, die an eine bewegliche Feile erinnert. Das, was noch vor einem Augenblick wie ein Plüschtier aussah, ein harmloses kuscheliges Spielzeug, gibt sich für einen kurzen Moment als das zu erkennen, was es wirklich ist: ein nur bedingt gezähmtes wildes Tier, eine kleine Bestie, die uns, wenn sie es wollte, die Augen auskratzen oder die Haut in Fetzen reißen könnte. Danach dreht sich die Katze zwei- oder dreimal um sich selbst, kreist um ihr angewärmtes Plätzchen und legt sich erneut gemütlich nieder, um nochmals ein paar Stunden zu schlafen.

Von klein auf hat man uns gelehrt, es gebe einen allmächtigen Gott, der allgegenwärtig ist und auch alles sieht. Was würde dieser Gott wohl denken, würde er uns zum Spaß beobachten, hier in unserem Wohnzimmer, in trautem Beisammensein?

Auf dem Sofa sitzen drei Lebewesen, zwei große und ein kleines. Die beiden großen, deren fellloser Körper in

Stoffe gehüllt ist, sitzen auf der einen Hälfte eng nebeneinander, fast aufeinander; die andere Hälfte nimmt das kleine Lebewesen mit dem fellbedeckten Körper ein.

Das kleine Lebewesen hat es sich genau in der Mitte der ihm zur Verfügung stehenden Sofahälfte bequem gemacht, liegt bäuchlings auf dem Polsterstoff, die hinteren Gliedmaßen angewinkelt, die vorderen entspannt unter der Brust übereinandergelegt. Die Ohren, die ein zarteres Fell überzieht als den restlichen Körper, sind wachsam aufgerichtet, obwohl das kleine Wesen zu dösen scheint.

Die beiden großen Lebewesen sehen dagegen nicht so aus, als säßen sie sehr bequem. Der Platz für beide ist zu knapp, weshalb sie mehr aufeinander als nebeneinander sitzen. Im Versuch, sich dem begrenzten Raum anzupassen, haben sie ihre Beine auf der Sitzfläche angewinkelt und ineinander verkeilt. Ihre Oberkörper sind aneinandergepresst, das größere Lebewesen von beiden drückt das kleinere mit seinem linken Arm an sich, und dieses lehnt seinen Kopf an dessen Brust. Jedes Mal, wenn eines von beiden Wesen seine Position ändern will, muss auch das andere sich bewegen und eine neue Haltung einnehmen. Auf der anderen Sofahälfte dagegen gibt es nach wie vor reichlich Platz, da sie ja nur von dem kleinen Tier besetzt ist, das um sich herum viel freien Raum hat.

Plötzlich scheinen die beiden großen Wesen zu bemerken – endlich, es hat ziemlich lange gedauert –, dass sie nicht so richtig bequem sitzen, obwohl sie es auf diesem Sofa theoretisch sehr gemütlich haben könnten. Sie wechseln ihre Stellung, suchen jeder nach einer besseren Position, und erst da wird ihnen bewusst, dass sie praktisch aufeinander sitzen. Erstaunt schauen beide zu der auf der anderen Sofahälfte liegenden Katze hinüber und fragen sich, wie ein so kleines Tier es geschafft hat, sie derart in die Ecke zu drängen.

Katzen begeistern sich für Lektüre. Und zwar so sehr, dass wir manchmal gar nicht zum Lesen kommen, weil sie uns den gedruckten Text streitig machen.

Wenn wir ein Buch lesen oder eine Zeitung, lassen sie sich gern feierlich auf den Seiten nieder, genau zwischen unseren Augen und dem Text. Verblüfft fragen wir uns nach dem Grund ihrer besonderen Vorliebe für geschriebene Texte, bis wir eines Tages auf die Idee kommen, unsere Hand auf das offene Buch zu legen. Siehe da, es ist vom Lampenlicht angewärmt. Die Katze spürt die milde Wärme sofort und wählt gezielt den behaglichen Platz zwischen der Lichtquelle und unserem ebenfalls warmen Schoß. Das Papier des Buchs oder der Zeitung hat nämlich Wärme aus beiden Richtungen gespeichert, die Wärme des künstlichen Lichts und unsere natürliche Körperwärme, und die Katze hat das physikalische Phänomen rasch wahrgenommen und sich gesagt, dass das von oben und unten sanft angewärmte Buch in diesem Moment der kuscheligste Ort in der Wohnung ist – und somit ein Muss für sie.

Der einzige Nachteil daran ist der, dass es ein bisschen schwierig ist, ein Buch oder eine Zeitung mit einer auf den Seiten sitzenden Katze zu lesen. Aber dieses Problem stellt sich nur den unverständigen Menschen, die den wahren Sinn der Dinge nicht zu begreifen vermögen. Katzen können an dieser Situation nichts Nachteiliges erkennen.

Die Menschen haben – denkt die Katze –, obwohl sie in vielem grob und linkisch sind, doch ein paar überraschende Fähigkeiten.

Besonders auffällig sind ihre Vorderpfoten. Sie sind sonderbar geformt und praktisch haarlos. Für gewöhnlich benutzen die Menschen sie nicht, wie man erwarten könnte, um darauf zu stehen oder zu laufen. Nur manchmal, wenn sie mit ihren Menschenjungen spielen, nehmen sie die normale Vier-Pfoten-Haltung ein. Im Allgemeinen aber hängen ihre Vorderpfoten locker in den Gelenken, so dass der Mensch gezwungen ist, sich ausschließlich auf den Hinterläufen in einem instabilen Gleichgewicht zu halten. Nebenbei sei erwähnt, dass dabei Schlüsselbein, Brust und Bauch jeglichem Schlag oder Angriff ausgesetzt sind. Auf den ersten Blick wirken die menschlichen Vorderpfoten wie verkümmerte, nutzlose Gliedmaßen.

Man muss hinzufügen, dass sie praktisch keine Krallen haben. Statt der nützlichen Krallen, die sich nach Belieben einziehen oder ausfahren lassen, haben die Menschen nur Fingernägel, eine Art kleiner Schuppen, die an den Fingerspitzen sitzen und fast nutzlos sind, da sie weder zum Greifen noch zum Scharren dienen, noch dazu, sich an irgendwelchen Oberflächen fest-zuklammern. Folglich können die Menschen nicht klettern, und wenn sie Dinge zerkleinern wollen, auch Nahrung, müssen sie Werkzeuge benutzen.

Im Übrigen haben sie die blöde Angewohnheit, statt ihre Nägel zu wetzen, sie mit metallenen Instrumenten, wahren Foltergeräten, brutal zu kürzen. Diese Ange-wohnheit geht so weit, dass sie nicht nur sich selbst die Nägel schneiden, sondern auch ihren Jungen – die sich in der Regel dagegen sträuben und in herzzerreißendes Geschrei ausbrechen, vor allem die ganz Kleinen. Noch schlimmer aber ist, dass die Menschen versuchen, dieses üble Verfahren auch bei uns Katzen anzuwenden; mit Fug und Recht begehren wir dagegen auf und wissen manchmal keinen anderen Ausweg, als den Menschen ein paar Prankenhiebe zu versetzen, in der vergeblichen Hoffnung, dass diese ein für alle Mal begreifen, wozu Krallen da sind und wie man sich ihrer bedienen sollte. Leider sind diese didaktischen Demonstrationen meist nutzlos; die Menschen beharren stur darauf, dass sich alle Lebewesen in ihrer Umgebung, selbst ihre eigenen Nachkommen, die Nägel schneiden.

Vielleicht war es ja diese Praxis des Nägelschneidens, die irgendwann zur Verstümmelung ihrer Vorderpfoten geführt hat. Da ihnen die Krallen fehlen, die regelmäßi-ge Pflege verlangen, unterlassen sie auch das wohltuen-de Wetzen und das begleitende Dehnen des Körpers, das die Armmuskulatur und die Wirbelsäule in Form hält. Es ist geradezu unglaublich, dass sie so, wie sie leben, umgeben von idealen Objekten zum Krallenwetzen (Sesseln, Sofas, Teppichen, Stuhl- und Tischbeinen, Federkissen, Spitzendecken, Vorhängen, Pappkartons, Hausschuhen usw.), diesen Vorzug nicht nutzen, sich nie ihre Nägel an diesen Dingen schärfen.

Ganz überflüssig sind die menschlichen Vorderpfoten dennoch nicht, was an der sonderbaren Gestalt der Tatzen liegt und an der klugen Art, wie die Menschen sie benutzen.

Stellen wir uns zum Beispiel eine ganz normale Situation vor: Auf dem Boden liegt etwas Unbekanntes. Normalerweise pirschen wir uns behutsam heran, damit dieses am Boden liegende Etwas, falls es lebendig ist, nicht die Flucht ergreift. Sind wir nah genug, lassen wir eine Vorderpfote lautlos vorschnellen, berühren das reglose Ding mit dem Tatzenrücken, ziehen die Tatze aber gleich wieder zurück. Dann prüfen wir mehrmals durch leichtes Betasten mit der Vorderpfote, ob das Ding, das da liegt, sich bewegt oder nicht. Bleibt es reglos liegen, empfiehlt es sich, mit derselben Pfote einen zweiten raschen Versuch zu machen, es diesmal aber richtig zu stoßen, und zwar so, dass es hochfliegt. Wenn es wieder auf dem Boden landet, stürzen wir uns darauf, packen es mit den Vorderkrallen und versetzen ihm, während wir uns gleichzeitig auf die Seite fallen lassen, mit beiden Hinterläufen kräftige Tritte, um dem Ding das Genick zu brechen. So gehen wir sicher, dass es, falls es doch etwas Lebendiges ist, nun definitiv nicht mehr lebt, und, falls es essbar ist, sogleich verschlungen werden kann. Sollte es nicht essbar sein, können wir wählen, ob wir entweder aufstehen und uns würdevoll entfernen, als bedeute das Ding auf dem Boden uns nichts – in der Tat bedeutet es uns, einmal erforscht, auch nichts mehr –, oder ob wir es für ein andermal aufheben wollen und es deshalb gezielt mit der Vorderpfote unters Sofa oder unter irgendein anderes Möbelstück kicken.

Die menschlichen Wesen machen so etwas nie. Sehen sie irgendetwas auf dem Boden liegen, gehen sie direkt darauf zu, ohne sich heranzupirschen oder zu verstecken, derart ungeschickt, dass das Ding, wenn es lebendig ist, sofort flüchtet und sich in Sicherheit bringt. Bei dem Ding angekommen, bücken sie sich zu ihm hinunter und öffnen auf sonderbare Art das Ende ihrer Vorderpfote, das man eigentlich nicht Klaue nennen kann, da es ja fast keine Krallen hat.

Dieser Fortsatz, nennen wir ihn menschliche Klaue, ist etwas ganz Erstaunliches: Seine einzelnen Glieder, die Finger, sind fast ganz voneinander getrennt und mit mehreren Gelenken versehen, so dass der Mensch sie auf unterschiedliche Weise knicken und ausstrecken kann. Er kann sogar einige Finger gestreckt lassen und zugleich andere abknicken, kann einen Finger an mehreren Stellen beugen und bestimmte Finger sogar den anderen Fingern entgegenhalten. Diese Fähigkeit erlaubt es ihm, jedes beliebige Ding zu greifen und auf Augenhöhe zu heben oder es an anderer Stelle abzulegen, es sogar mit den Fingern zu drücken und, wenn er mit den Fingern eine Art Kugel formt, in der Klaue zu behalten. Danach kann er die Klaue nach Belieben ganz oder nur teilweise wieder öffnen.

Außerdem können die einzelnen Finger unterschiedliche Positionen zueinander einnehmen. Sie können alle eng nebeneinander liegen, einer dicht am anderen, aber es kann auch jeder Finger vom anderen abgespreizt werden, so dass zwischen den einzelnen Fingern ein breiter Zwischenraum entsteht. Oder der Mensch spreizt nur einen Finger ab, und die anderen bleiben nebeneinanderliegen. Oder zwei Fingerspitzen werden so zusammengeführt, dass die Finger einen Kreis bilden, und noch viele andere Positionen mehr, die zu beschreiben ermüdend wäre und die jemand, der sie noch nie gesehen hat, sich ohnehin nicht vorstellen kann.

Diese Eigenschaften der menschlichen Klaue haben große Vorteile. Zum Beispiel kann der Mensch mit zwei nebeneinanderliegenden Fingern die Stirn einer Katze streicheln, kann aber auch nur einen Finger ausstrecken und sie sanft unterhalb des Ohrs oder unter dem Kinn kraulen (Stellen, an die sie selbst nur schlecht herankommt). Er kann mit einem oder zwei Fingern ihre Wirbelsäule entlangfahren und schließlich unversehens mit allen, auch den Fingern der anderen Hand, ihren Bauch kraulen oder behutsam ihren Schwanz umfassen und vom Ansatz bis zur Spitze an ihm entlangstreichen. Manchmal gelingt es den Menschen sogar, einen Finger zwischen die kleinen Pölsterchen an den Vorderpfoten der Katze zu schieben und sie dort zart zu kraulen.

Außerdem setzen menschliche Wesen dafür, dass sie Tiere mit sehr groben, schwerfälligen Bewegungen sind, ihre Klauen unglaublich geschickt ein. So sind sie zum Beispiel in der Lage, ihren Klauendruck allmählich zu steigern, eine Katze zum Beispiel erst sanft und dann kraftvoll zu streicheln oder zu kraulen und umgekehrt. Wenn sie die Finger einer Klaue zusammenführen, können sie sie entweder eng zusammenpressen oder eine Lücke zwischen ihnen lassen; und sie können abwechselnd mit einem Finger, einem zweiten, einem dritten usw. auf etwas klopfen.

Diese Fähigkeiten sind ihnen auch bei der Nahrungsbeschaffung sehr nützlich. Mit erstaunlicher Leichtigkeit öffnen und schließen sie die Futterdosen und verwahren sie an ihrem Platz. Dabei benutzen sie immer ihre Klauen. Sie greifen nach unerreichbaren Gegenständen, öffnen verschlossene Türen, und am Morgen gelingt es ihnen sogar, den Tag ins Zimmer zu holen, indem sie mit Hilfe ihrer Klauen alles beseitigen, was das Sonnenlicht ausschließen könnte.

Vielleicht verhalten sich die menschlichen Wesen ja manchmal deshalb so arrogant, weil sie, die ansonsten sehr unvollkommene Tiere sind, die Macht ihrer Hände kennen.

Es heißt, eine Katze zu streicheln verlängere das Leben. Möglicherweise rührt dieser Aberglaube von der Tatsache her, dass einen das Streicheln ungemein belebt. Nicht nur, weil die Katze ein so seidig zartes Haarkleid hat. Während wir die Hand wieder und wieder über ihr dichtes, weiches Fell gleiten lassen, verspüren wir eine milde Wärme, ein wohliges, vom Solarplexus ausgehendes Gefühl, das bis in die Mitte der Brust strömt.

Wenn die Katze verschmust ist und es genießt, gestreichelt zu werden, oder, besser noch, dabei zu schnurren beginnt, kann es passieren, dass wir uns minutenlang ausschließlich dem Streicheln hingeben, ohne an etwas anderes zu denken, sondern nur unsere Empfindungen und die Wirkung dieses zart vibrierenden Schnurrens wahrnehmen, von dem man bis heute nicht weiß, wie es entsteht. In etwas versunken zu sein, sich nur auf eine Sache zu konzentrieren, ist für so zerstreute Tiere wie uns menschliche Wesen keine einfache Sache. Beim Streicheln einer Katze gehen uns Gedanken über das Leben der Tiere durch den Kopf, ein allein auf den Augenblick ausgerichtetes Leben. Für eine Weile vergessen wir unsere Verpflichtungen und drängenden Erledigungen, und die Zeit scheint einen Moment lang stillzustehen. Vielleicht ist es das, was unser Leben verlängert, was einen Gewinn, nicht an Zeit, sondern an Intensität bedeutet.

Eine katalanische Spruchweisheit lautet: »*Qui no té feina, el gat pentina.*« Wer nichts zu tun hat, bürstet die Katze.

Wir könnten auch andersherum sagen: Wer die Katze bürstet und es richtig macht, mit der nötigen Konzentration, lässt seine anderen Aufgaben, seine vielen Tätigkeiten eine Weile ruhen und konzentriert sich für kurze Zeit nur auf die Tatsache, dass er lebt.

Eine der Armlehnen unseres Ledersofas ist leicht beschädigt. Aus der Nähe erkennt man fünf kleine Kratzer, die wie fünf ins Leder geritzte Knopflöcher aussehen. Streicht man darüber, spürt man so etwas wie winzige Borten, ähnlich den Häutchen, die manchmal am Rand der Fingernägel sitzen: die Niednägel. Fünf kleine Niednägel an der Armlehne des Wohnzimmersofas.

Tris-Tras hat sich ihre Krallen nie am Ledersofa gewetzt. In der Wohnung gibt es so viel Stoff (Sessel, Polsterstühle, der wattierte Bezug des Canapés im Schlafzimmer, die dicke Wintersteppdecke), dass das Krallenwetzen an einem Ledersofa für sie vergleichbar gewesen wäre mit dem Krallenwetzen am Bauch eines großen schlafenden Tiers. Vielleicht hat sie mit ihrem feinen animalischen Instinkt die organische Beschaffenheit des Leders erkannt: Leder ist Haut, und außer im äußersten Notfall respektiert man Haut, um ihren Besitzer nicht zu verärgern. Denn wer weiß, wozu ein Sofa imstande ist, das in Wut über eine Katze gerät, die sich an seinem Bauch die Krallen wetzt. Es könnte mit einem Satz aufspringen und in der Mitte des Wohnzimmers in Abwehrstellung gehen. Wenn ein Sofa einen durch den Flur verfolgt und überwältigt oder sich mit einem seiner kraftvollsten Sprünge auf einen stürzt, kann das fürchterlich enden. Katzen sind also lieber vorsichtig und gehen keine unnötigen Risiken ein, denn sich an Winternachmittagen in den Schoß des großen Sofatiers zu kuscheln – eines Kaltblüters, dem sie Wärme schenken, da eine lederne Sofahaut sofort warm wird, wenn sie mit dem Katzenfell in Berührung kommt – ist eine Sache. Etwas ganz anderes aber ist es, Tiere zu provozieren, die viel größer sind als man selbst. Hier empfiehlt sich ein friedliches Zusammenleben.

Tatsächlich stammen die fünf kleinen Ratscher an der Sofalehne von einem Missgeschick: ein falsch kalkulierter Sprung auf das fast neue Möbelstück, die abrutschende Tris-Tras, die sich im Fallen mit ihren winzigen Krallen an den Sofabezug klammert, der aber, wie sich herausstellt, nicht aus kräftigem Stoff besteht wie der Bezug des vorigen, gerade ersetzten Sofas, sondern aus einer Haut, die mit der menschlichen verwandt ist. Erschrocken kletterte Tris-Tras am Leder hoch und sprang dann sofort vom Sofa, beschämt über ihr eigenes Missgeschick. Den Schwanz zum Federbusch aufgeplustert, suchte sie auf einem der weichen Polsterstühle am Esstisch Zuflucht. Auf dessen unter die Tischplatte geschobener Sitzfläche kauerte sie sich immer bei Gewitter zusammen.

Tris-Tras hat nie erfahren, ob diese fünf kleinen Verletzungen dem Sofa weh getan haben. Es hat zumindest nie eine Reaktion gezeigt. Vielleicht war seine Haut zu fest, vielleicht war das große Tier aber auch zu langsam und hatte, als es aufstehen wollte, den kleinen Angreifer bereits aus dem Blick verloren.

Jedenfalls blieb das Sofa unerschütterlich, auch wenn es bis heute diese fünf Narben trägt, die wir liebevoll versorgen und immer, wenn wir das Leder mit einem speziellen Pflegemittel säubern, besonders behutsam behandeln, damit sie sich nicht vergrößern.

Und jetzt, da Tris-Tras nicht mehr da ist, da ihre scharfen Klauen verschwunden sind, wohin auch immer – Staub, zu Staub geworden, eingeäschert –, bin ich es, der die fünf kleinen Narben weh tun, kleine Wundmale, von einem Wesen verursacht, das nicht mehr lebt.

Es gibt leuchtende Wesen, die den unbedeutendsten Dingen Wert und Sinn zu geben vermögen.

Zum Beispiel kommt eine Katze ins Haus, und plötzlich erhalten Dinge, die wir immer links liegen gelassen haben, Gegenstände, die wir eigentlich schon wegwerfen wollten, weil sie zu nichts mehr zu gebrauchen waren, eine Bedeutung, werden zu etwas Wertvollem, zu kleinen Schätzen.

Vor langer Zeit haben wir einmal einen hübschen Mohairschal in die Waschmaschine gesteckt und aus Versehen zu heiß gewaschen. Später war es uns immer ein Rätsel, warum wir diesen Schal, nachdem wir ihn aus der Maschine geholt und festgestellt hatten, dass er eingelaufen, völlig verfilzt und nicht mehr zu gebrauchen war, nicht gleich weggeworfen haben. Das Gegenteil war der Fall: Obwohl wir wussten, dass wir ihn nie wieder tragen würden, haben wir ihn sorgfältig in einer Schrankschublade aufbewahrt. Jahre vergingen, und jedes Mal, wenn wir den Schrank aufräumten, dachten wir daran, den Schal wegzuwerfen, aber irgendetwas hielt uns zurück. Heute wissen wir, was es war: Der nutzlose Schal wartete auf den Augenblick seines Erwachens zu einem neuen Leben. Und dieses neue Leben kam mit der Katze.

Für ein Schläfchen auf dem Sofa an einem Winternachmittag gibt es nichts Molligeres und Kuscheligeres als einen verfilzten, weichen und zugleich festen, warmen, gegen Kälte schützenden Mohairschal. Auf das richtige Maß zusammengefaltet, bildet er die ideale Unterlage für einen in der Brathähnchen-Asana daliegenden oder zum Fellknäuel zusammengerollten Katzenkörper. Das Fellknäuel beziehungsweise Brathähnchen im Pelzmantel passt auf den ausrangierten Schal wie auf ein gezielt als Schlafplatz entworfenes Wolltablett. Um es sich dort bequem zu machen, tritt die Katze zuerst ein wenig darauf herum, schiebt sich die verfilzte Wolle mit den Vorderpfoten zurecht, dreht sich zweimal um sich selbst und lässt sich demonstrativ und mit dem Rücken zu uns darauf nieder. Der Schal ist aus seiner traurigen Verbannung erlöst und erfüllt endlich die Aufgabe, für die er einst geschaffen wurde: Also nicht – wie wir irrtümlich angenommen hatten – unseren Hals warm zu halten, sondern, nachdem er auf richtige, zweckdienliche Weise unbrauchbar gemacht worden war, eine Liegedecke für die Katze zu sein. Und damit ist die Welt wieder in Ordnung.

Auch hässliche, überflüssige Gegenstände haben das

Recht auf eine Wiedergeburt, die ihnen neue Würde verleiht. Zum Beispiel die grauenhafte Puppe, die wir eines Tages in einem chinesischen Restaurant geschenkt bekamen – ein Präsent des Hauses an treue Gäste. Die Puppe bestand aus zwei aneinander befestigten Kugeln aus einem synthetischen, baumwollähnlichen Material. An der oberen Kugel saßen zwei schwarze Glasperlen und ein paar aufgeklebte Pappschnipsel, die Augen, Nase, Mund und Hut darstellten. An der unteren Kugel saßen, notdürftig an der synthetischen Baumwolle befestigt, drei Filzkreise: die Knöpfe eines angedeuteten Mantels. Das Ganze sollte ein Schneemann sein – es war Weihnachtszeit.

Dass wir die Puppe zu Hause nicht gleich weggeworfen haben, lag an einer Mischung aus merkwürdigem Respekt und ängstlichem Aberglauben. Die Puppe war ein Neujahrsgeschenk gewesen, sie wegzuwerfen wäre uns vorgekommen, als würden wir die guten Omen der Chinesen aus dem Restaurant verschmähen und mit der Puppe auch gleich das gerade beginnende Jahr in den Müll werfen. Also landete sie irgendwo in den Tiefen einer Schublade.

Tris-Tras lebte schon ein ganze Weile bei uns, als wir den falschen Schneemann zufällig wiederentdeckten und ihr schenkten. Sie nahm ihn jubelnd in Empfang, als hätte sie sich ihr ganzes Leben eine solche Puppe gewünscht. Monatelang trennte sie sich nicht von ihr: Mal jagte sie sie, warf sie in die Luft und fing sie mit einem eleganten Tigersprung im Flug wieder auf, um sie anschließend durch einen gezielten Hieb mit beiden Hinterläufen zu töten, mal nahm sie sie behutsam ins Maul und trug sie zu ihrem warmen, aus Sofakissen bestehenden Refugium, wo sie mit der Puppe im Arm einschlief. Der Schneemann tauchte überall auf: Entweder er lag im Flur herum, nachdem er ohne Blutvergießen erledigt worden war, oder wir stießen mit dem Besen auf ihn, wenn wir unter dem Esstisch Krümel wegfegten. Beim Saugen unter dem Sofa verstopfte er das Rohr, und nicht selten kam es vor, dass wir nachts, auf dem Weg durch den dunklen Flur Richtung Badezimmer auf etwas Weiches, Wolliges traten: Es war die verdammte Puppe, die immer und überall im Weg lag und der Mittelpunkt unseres Lebens zu sein schien

Vom vielen Herumgeschlepptwerden lösten sich die beiden Stoffkugeln – der Kopf und der runde Bauch des Schneemanns – irgendwann voneinander, aber das schien Tris-Tras gar nichts auszumachen. Sie widmete beiden Teilen der einstigen Puppe die gleiche Aufmerksamkeit. Es war, als hätte sie plötzlich ein Zwillingspärchen bekommen, zwei Geschöpfe, die sie abwechselnd behüten und jagen konnte.

Der Schneemann, dieses lächerliche, plumpe, hässliche Objekt, war von Tris-Tras in die Kategorie der wichtigen Dinge erhoben worden und füllte folglich viele Stunden unseres Lebens aus.

Oder zum Beispiel das Stückchen Schnur, eine lange gelbe Franse war es, die sich aus der Quaste eines Kissens gelöst hatte, das Produkt eines Fabrikationsfehlers also. Sie sah fast aus wie ein goldener Faden und hob sich sehr hübsch vom Wohnzimmerteppich mit seinen roten, blauen und dunkelgrünen Tönen ab. So eine Schnur, die reglos mitten auf dem Teppich liegt, das ist etwas, das sich zu jagen lohnt. Erst recht, wenn ich mit den Fingerspitzen ein Ende greife und die Schnur sich, da ich leicht an ihr ziehe, in Schlangenlinien über den Boden bewegt. Sie wird plötzlich lebendig und unwiderstehlich für eine geborene Jägerin wie Tris-Tras, die sich duckt und den Kopf in einer rhythmischen Bewegung mehrmals vor und zurück schiebt, um den Abstand zur Schnur so exakt wie möglich zu kalkulieren, um an der richtigen Stelle zu landen, wenn sie sich, nachdem sie sich kräftig mit den Hinterläufen abgestoßen hat, mit einem eleganten Sprung gezielt auf den Fadenwurm stürzt, ihn erst mit den Klauen, dann mit den Zähnen packt und ein Stückchen von sich weg wirft, um ihn erneut mit einer der beiden Vorderpfoten zu packen und festzuhalten, damit er ja nicht entwischt. Aber die Schnur hat sich gar nicht bewegt. Bestimmt war sie schon tot. Tris-Tras hatte sie erjagt und blickte nun stolz zu mir hoch, mit dem Stolz des Jagdtiers, das seine Beute apportiert hat. Dann wälzte sie sich über den Boden, die Beute zwischen den Klauen, dehnte im Liegen ihre Wirbelsäule, spannte sie wie einen Bogen, genoss in vollen Zügen das unsagbare Glück, eine Schnur zu besitzen.

Zwei Katzen

Jäh ihrem Lebensraum entrissen und in ein fremdes, womöglich feindseliges Territorium verfrachtet, begriffen die Katzen, dass sie ihren Käfig verlassen und sich schnell ein Refugium suchen mussten.

An ihrem bisherigen Aufenthaltsort hatte es Monate gedauert, bis sie sämtliche Grenzen ihres Reviers markiert hatten. An etlichen Stellen waren sie mit ihrem Körper entlanggestreift, hatten Talgspuren und Haare hinterlassen, und an weichen Plätzen hatten sie sich durch Treteln ein bequemes, vom Schweiß ihrer Tatzen angenehm durchdrungenes Lager bereitet. Sie hatten auch einen Ort gehabt, an dem sie sauber und ordentlich ihre Notdurft verrichten und ihren Kot verscharren konnten, von dem aber fortwährend der Geruch ihrer Analdrüsen ausging und ihnen zur Orientierung diente. Das war ihr Revier gewesen, das niemand sonst gehörte, auch wenn sie die Anwesenheit anderer Lebewesen geduldet hatten, jedoch nur unter der Bedingung, dass

diese ihnen weder das Territorium noch die Beute streitig machten.

Hier dagegen roch nichts nach ihnen, nichts trug ihre
Merkmale, nirgends gab es Spuren von ihrem Fellfett
oder irgendeinen vertrauten Geruch, nirgends stießen
sie auf ein Haar, das ihnen als Anhaltspunkt gedient
hätte. Sie waren mitten im Nirgendwo.

Aber sie konnten auch nicht in dieser Kiste bleiben,
sie schützte sie wenig vor äußeren Angriffen, außerdem
konnte sie wieder zu einem Gefängnis werden und sie
endgültig ihrer Freiheit berauben. Sie mussten sie verlassen.

Sie schlichen hinaus, vorsichtig und zielstrebig zugleich, in der Hoffnung, unbemerkt zu bleiben. Den
Körper dicht am Boden, den Hals langgestreckt und die
Ohren wachsam gespitzt. Sie krochen vorwärts, glitten
fast, ähnlich wie verschüttetes Wasser, das sich über den
Boden ausbreitet. Ihre Wege trennten sich, sie schlugen
verschiedene Richtungen ein, rannten ein Stück und
schlüpften dann jede in einen Winkel, der ihnen sicher
erschien. Ein Versteck, wo niemand sie sehen konnte.

Fast einen ganzen Tag lang rührten sie sich nicht, auf
jedes Geräusch lauernd. Draußen streiften große Raubtiere umher, zweifellos auf der Suche nach Beute. Die
Katzen lauschten ihren Schritten, erahnten ihre Bewegungen, spähten von ihrem Versteck die Schatten der
riesigen Tiere aus, hörten, wie sie auf ihrer vergeblichen
Suche Gegenstände hin und her rückten, hörten sie sogar
fressen. Aber ihre Höhlen waren sicher, ihre Schlupflö-

cher zu klein, als dass eines der Raubtiere hätte hinein-
kriechen können, die hölzerne Umgebung bot Schutz,
war bequem und angenehm warm. Sie wussten, wenn
sie sich ruhig verhielten, sich nicht bewegten, mit ihrer
Energie haushielten, konnten sie eine ganze Weile ohne
Fressen und Trinken durchhalten. Sie versuchten also,
sich zu entspannen und ein wenig zu dösen, die Fähigkeit der Katzen nutzend, auch noch im Schlaf wachsam
zu sein, die Augen halb geschlossen, die Ohren gespitzt,
rasch auf das geringste Geräusch zu reagieren. Jetzt hieß
es, zu warten und sich still zu verhalten.

Die Nacht brach an, und die großen Raubtiere zogen
sich zurück. Als die Katzen sich sicher waren, dass diese
schliefen – sie erkannten es an den Lauten, die aus der
Raubtierhöhle drangen, Laute, die nur große Tiere im
Schlaf von sich geben –, wagten sie sich schüchtern aus
ihrem Versteck, machten sich lautlos, auf Samtpfoten,
auf die Suche nach Futter und Wasser und nutzten die
Gelegenheit, auch ein wenig das neue unbekannte Terrain zu erkunden. Es war riesig und weniger öde, als sie
befürchtet hatten. So fanden sie glücklicherweise bald
Wasser und etwas zu fressen. Dann kehrten sie in ihre
sicheren Höhlen zurück, bereit, zu leben wie seit Ur-
zeiten: tagsüber an einem sicheren Platz zu ruhen und
sich nachts auf die Suche nach Wasser und Nahrung zu
begeben. Sie hatten herausgefunden, dass die großen
Raubtiere Tagjäger waren, die offenbar nachts schlecht
sahen; das verschaffte den Katzen einen enormen Vor-
teil.

Am nächsten Morgen erwachten die großen Raubtiere, standen auf und begannen, die Katzen zu suchen. Zuerst sahen sie sich nur um und hielten Ausschau nach Zeichen ihrer Anwesenheit. Dann machten sie Geräusche, versuchten, die Katzen so aus ihren Schlupflöchern zu locken. Die aber blieben, weise, wie sie waren, still und reglos in ihrem Versteck. Da begannen die Raubtiere, alles zu durchstöbern, alles hochzuheben, um darunterzuschauen, und in den verborgensten Winkeln herumzuschnüffeln. Irgendwann sagte eines der Raubtiere: »Tris sitzt unter dem Ecktisch neben der Heizung, und Tras hat sich hinter dem Fernseher versteckt.«

Unverhofft in ihren Schlupfwinkeln entdeckt, schauten sie hoch, und zwei überraschte Augenpaare sahen uns an, ein goldgelbes und ein wasserblaues.

Wieder ist Geduld die Tugend, die uns die Katzen lehren, auch diese beiden frisch eingetroffenen. Wir sind das Direkte gewohnt, wir wollen alles sofort: die Anmut ihrer Bewegungen, ihr weiches Fell. Am liebsten würden wir sie auf der Stelle hochnehmen, sie streicheln und in den Armen wiegen, sie mit den bunten Bällchen spielen lassen oder mit dem Baumwollfaden, an dessen Ende eine Wollmaus sitzt, die wirklich fast wie eine richtige Maus aussieht. Aber das Tempo des wachsenden Vertrauens bestimmen sie.

Jeder falsche Schritt ist ein Schritt zurück, und unsere Hast könnte die Annäherung um Tage oder Wochen verzögern. Deshalb müssen wir so tun, als wüssten wir nicht, dass sie da sind. Unauffällig spähen wir in die Winkel, in die sie sich voller Misstrauen verkrochen haben. Entdecken wir sie irgendwo, tun wir, als sähen wir sie nicht: Sie selbst gehen davon aus, dass man sie hinter der Gardine, auf der sich im Gegenlicht ihre Konturen abzeichnen, die spitzen Ohren, das Köpfchen auf dem übertrieben gereckten Hals, nicht sehen kann. Am Abend glauben sie vielleicht auch, wir bemerkten den schwarzen Schatten nicht, der es sich im Halbdunkel bequem gemacht hat, in einer Ecke des Wohnzimmers, in der noch keine Lampe brennt. Und vermutlich nehmen sie an, dass sie nicht zu sehen sind, wenn sie den Kopf unter die Heizung schieben, auch wenn der Rest ihres Körpers darunter hervorschaut: das perlmuttweiße Hinterteil, der wie der runde Teil eines Fragezeichens gebogene Rücken. Also spielen wir mit und lassen ihnen ihre Unsichtbarkeit.

Wir hören sie auch nicht. Zum Beispiel nehmen wir, während wir auf dem Sofa sitzen und lesen, keinen der kleinen Gummischritte wahr, mit denen sie beim hastigen Wechsel von einem Versteck zum anderen über das Parkett huschen. Auch in der Nacht, als wir im Bett lagen und zu schlafen schienen, haben wir weder das Gerenne noch das gedämpfte Blop gehört, als eine der Katzen (welche der beiden, wissen wir nicht) von irgendwoher auf den Boden gesprungen und auf ihren Vorderpfoten gelandet ist. Wir spielen die Gleichgültigen, und als wir sie nachts zum ersten Mal in der Dunkelheit fressen hören, verkneifen wir es uns, aufzustehen und zu ihnen zu laufen, um uns zu vergewissern, dass da tatsächlich einer frisst, tun so, als sei dieses Knacken der kleinen harten Katzenfutterbröckchen nur eines von vielen alltäglichen Geräuschen, die das Morgengrauen bevölkern, nicht mehr und nicht weniger als das Motorengebrumm eines vorbeifahrenden Autos, als die Schritte des Nachbarn über uns, der gerade aufgestanden ist und ins Bad geht, als das Rauschen eines Wasserhahns, das Rattern eines am frühen Morgen hochgezogenen Rollos. Jemand frisst, jemand zerkaut eifrig in der Dunkelheit das harte Trockenfutter, und wir tun, als wüssten wir nicht, dass dieses Geräusch nur von den Katzen kommen kann, von einer der beiden oder, wer weiß, von beiden zusammen, die sich kameradschaftlich das Futter im Napf teilen. Wie gern würden wir aufstehen und nachschauen, ob es stimmt, aber wir bleiben liegen, ganz still, spitzen die Ohren und stellen uns schlafend.

Sie sind es, die uns wählen, die bestimmen, wann es so weit ist. Wir warten und spielen die Ahnungslosen. Aus den Augenwinkeln sehen wir von einem der Bretter des Wohnzimmerregals einen schwarzen Schatten zu Boden springen. Als hätten wir nichts bemerkt, lauern wir verstohlen auf die lautlosen Schritte eines kleinen schwarzen Panthers, der zaghaft den Flur erforscht und plötzlich durch eine angelehnte Tür verschwindet, die in eine neue Welt führt – unser Schlafzimmer. Es ist Tras, die sich endlich entschlossen hat, ihr Versteck hinter dem Fernseher zu verlassen, und sich vorsichtig auf ein unbekanntes Terrain wagt, den Körper geduckt, die Sinne hellwach, nicht länger fähig, ihre Katzenneugier zu bezähmen. Katzen sind nicht in der Lage, in einem Revier zu leben, ohne es zuvor gewissenhaft erkundet zu haben. Gleichzeitig ist ihr bewusst, dass ebendiese Neugier einer Katze Tod sein kann: *curiosity killed the cat*.

Bei Einbruch der Nacht werden die Katzen selbstbewusster und kommen zum Vorschein. Zuerst Tris, noch scheu, aber Tris ist immer der Mutigere von beiden. Hinter dem Papierkorb, der unter dem Schreibtisch steht, taucht zwischen Gardine und Wand ein langer, geschmeidiger, athletischer Körper auf, der an die von den Ägyptern in Skulpturen verewigte Göttin Bastet erinnert. Nur dass dieser Körper keiner Göttin gehört, sondern einem Gott, einem weißen, wie Perlmutt schimmernden, in dessen Fell sich kein einziges farbiges Haar findet. Im Halbdunkel der von indirektem Licht erhellten Wohnung wirkt er leicht phosphoreszierend.

Zu Tris gesellt sich plötzlich im Schweinsgalopp ein pechschwarzer, glänzender, rundlicher und ein wenig kurzbeiniger Schatten (der Körper mit den weiblichen Rundungen und den kurzen Beinen wirkt ein wenig unproportioniert).

Da sind sie nun beide: ein mobiles Yin und Yang, schwarz und weiß (oder weiß und schwarz, beachtet man die Reihenfolge ihres Auftritts), männlich und weiblich, ein sich behutsam über den Wohnzimmerteppich bewegendes Symbol der Harmonie. Endlich sehen wir sie zusammen, seit sie zum ersten Mal ängstlich aus der Transportkiste gekrochen sind und jede Katze in ein anderes Versteck geflüchtet ist, intuitiv der Überlebensstrategie flüchtender Tiere folgend, die sich weise trennen, um den Feind zu verwirren. Denn welchem Tier soll er folgen?

Jetzt fühlen sie sich sicher genug, um sich gemeinsam zu zeigen, und wir sind dankbar für diese Geste, die uns wie ein Vertrauensbeweis erscheint.

Der Tag kann ohne die Nacht nicht sein und die Nacht nicht ohne den Tag.

Trinken ist eine notwendige, aber gefährliche Tätigkeit. Wenn es Abend wird, wenn die Sonne untergeht und die Hitze des Tages sich legt, tauchen aus den weichen bläulichen Schatten Gestalten auf, die sich vorsichtig, fast provozierend langsam, dem Flussufer nähern und zu trinken beginnen. Große fleischfressende Raubtiere, auch sie nach Wasser lechzend, lauern halb verborgen in Ufernähe, zwischen Gräsern und Büschen. Sie haben nicht nur Durst, sondern auch Hunger. Während die einen geräuschvoll trinken, ist das leise Rascheln und Knistern von sich heranpirschenden Räubern zu vernehmen.

Manche Tiere suchen den Schutz der Gruppe und trinken gemeinsam mit der Herde. Dabei vertrauen sie instinktiv auf eine größere Überlebenschance, da meist nur ein einzelnes Tier stirbt, wenn ein Raubtier die Gruppe angreift, der Rest der Herde kann fliehen. Einzelgänger dagegen trinken hastig, heben immer wieder, nach Gefahren Ausschau haltend, den Kopf und spitzen die Ohren (während sie trinken, verhindert das Geräusch der Zunge, mit der sie sich das Wasser ins Maul löffeln, dass sie den sich nähernden Jäger hören). Alle sind begierig, ihren Durst zu stillen (an diesem heißen Tag trinken sie nur dieses eine Mal) und sich rasch wieder vom gefährlichen Ufer zu entfernen. Bei Anbruch der Nacht sind einfach zu viele bedrohliche Schatten unterwegs.

So trinken die Tiere in der Natur, und unsere Katzen, diese fremden Wesen, die noch damit beschäftigt sind, das unbekannte Terrain unserer kleinen Wohnung zu erkunden, wiederholen die vererbten Verhaltensmuster nun in der Stadt. Sie trinken nie, wenn wir zuschauen; damit warten sie bis nachts, bis wir schlafen. Und kommen wir zufällig einmal ins Bad, wenn eine der Katzen gerade am Trinknapf, den wir täglich mit frischem Wasser auffüllen, ihren Durst stillt, hebt das Tier den Kopf und läuft erschrocken davon. Katzen flüchten nicht in Ecken, in denen wir, die Raubtiere, sie in die Enge treiben könnten, sondern in offenes Terrain, und manchmal huschen sie wie Kobolde zwischen unseren Beinen hindurch. Flink, geschmeidig laufen sie durch den Flur davon, und wir verlieren sie aus den Augen.

Erst Wochen später, wenn sie sich schließlich davon

überzeugt haben werden, dass auch wir Katzen sind und keine großen Raubtiere, wie es anfangs schien, werden sie entspannt in unserer Gegenwart trinken, sogar mit dem Rücken zu uns.

Es war eine riesige Aufgabe, die sie erwartete. Solange sie nicht das gesamte Terrain bis in die letzten Winkel erkundet und mit ihren Markierungen versehen hatten, kamen sie einfach nicht zur Ruhe. Ein neu zu besiedelndes Territorium voller Überraschungen. Ein Revier, das sich zuweilen noch zu vergrößern schien. Als sie schon glaubten, es gewissenhaft und eingehend erforscht zu haben, tat sich unverhofft eine neue Tür auf, die in ein weiteres, ebenso großes oder noch größeres Zimmer führte, in unberührtes Land, von dem noch keine Karte ihrer Gerüche, Talgspuren und Haare erstellt worden war.

Immer wieder strichen sie an Ecken und Kanten entlang und versahen Gegenstände mit ihrem nur für sie wahrnehmbaren Duft. In jedem Winkel schnüffelten sie, an jeder Türangel, an jedem Tisch- und jedem Stuhlbein, machten den Rücken krumm, rieben ihn daran und markierten so das neue Objekt. So wurde nach und nach alles markiert, nicht nur solide Einrichtungsgegenstände, auch zerbrechliche: So manche Vase geriet gefährlich ins Wanken, wenn ein weiß- oder schwarzhaariger Körper an ihr vorbeistrich. Die Wohnung beherbergte Hunderte, wenn nicht gar Tausende weiterer unmarkierter Objekte. Die Laptops, manche Schreibtischutensilien, ein Brillenetui, die verschiedenen Bilder- und Fotorahmen und die Bücher, die wir auf dem Tisch liegen gelassen hatten, wurden über Nacht leicht verschoben. Der Fernseher rückte einige Zentimeter nach vorne und stand nun genau neben dem Regal. Er war auf der Rückseite von zwei athletischen Körpern markiert worden, die systematisch die neuen Grenzen unserer Wohnung absteckten.

Auch die höheren Regionen eroberten sie sich. Mit einem Satz sprangen sie auf einen Tisch, geradezu selbstmörderisch, da sie ja nicht wissen konnten, was sie dort oben vorfinden würden (eine Katze kann nicht sehen, was auf einer Tischplatte liegt oder steht, die von unten eher wie ein Baldachin erscheint denn wie eine stabile, zu erklimmende Plattform). Im Wohnzimmer arbeiteten die Katzen sich im Freikletterstil und mittels kleiner Sprünge von Regalbrett zu Regalbrett nach oben, hier einen kleinen Vorsprung, dort einen anderen Halt nutzend. Von oben konnten sie ihr neues Territorium bestens überblicken, problematisch war nur der Abstieg: Ein perlmuttweißer Körper schlängelt sich mit dem Kopf voran von Etage zu Etage, bis zum abschließenden Sprung auf den Boden. Man hört ein Blop, und sogar uns fällt die verdrossene Miene auf, die Katzen aufsetzen, wenn sie zu hart auf dem Boden landen, zum Leidwesen der elastischen Gelenke ihrer Hinterpfoten.

Ihre Arbeit schien einfach kein Ende zu nehmen. Unverhofft tauchten in der bereits abgesteckten Welt neue Welten auf: Da öffnete sich ein Schrank, in den man mit einem Satz hineinspringen musste, klammheimlich (denn aus irgendeinem Grund sind die Menschen nicht immer gewillt, die vielen notwendigen Forschungs- und Markierungstätigkeiten zu unterstützen). Dafür nahm man es sogar in Kauf, versehentlich darin einge- sperrt zu werden. Denn es musste sein, die sauberen, ordentlich gefalteten und gestapelten Handtücher und die Schuhschachteln mit ihren vielfältigen, interessan- ten Gerüchen mussten inspiziert, die herabhängenden Kleidungsstücke behände erklommen werden, und auch auf den Wollpullovern musste man sich räkeln und reichlich Haare darauf hinterlassen, die den kräf- tigen Farben der Mohair- und Shetlandpullis einen zar- ten Grauschleier verliehen.

Dann entdeckten sie, dass sich in den Schränken auch Schubladen befanden, deren Erforschung sie ebenfalls unbedingt riskieren mussten, trotz der Un- gewissheit über deren Inhalt. Und nachdem sie hin- eingeschaut hatten – zwei kleine Lemuren, ein weißer und ein schwarzer, stellen sich auf ihre Hinterläufe und recken die Hälse –, blieb ihnen nichts anderes übrig, als hineinzuspringen und auf den Dingen herumzutreteln, die dort lagen, sie möglichst mit den Krallen ihrer Vor- derpfoten zu bearbeiten, ihnen die Geruchsmarken ih- rer Pfotenballen aufzuprägen – ein weiterer Markstein, ein weiteres erobertes Stück Revier.

Es war eine anstrengende Arbeit, der sie sich in den ersten Wochen fast ausschließlich widmeten.

Sogar uns markierten sie. Sie taten, als wollten sie mit

uns schmusen, strichen uns mit ihren Fellflanken immer wieder um die Hosenbeine und schafften es, dass wir diese Geste, gewissermaßen eine Protokollierung ihrer Inbesitznahme, mit einem Liebesbeweis verwechselten. Wir bückten uns erfreut, um sie zu streicheln, und schon hatten sie unsere Hände und Arme ebenfalls markiert. Und als wir die Geste durchschauten, strich uns ein Fellschwanz – ein weißer oder schwarzer – begeistert übers Gesicht. Prompt waren wir bis zu den Augenbrauen als Katzenbesitz gekennzeichnet. Innerhalb weniger Wochen hatten sich die beiden die gesamte Wohnung und alles, was sich darin befand, uns inbegriffen, angeeignet. Voller Freude schlossen wir daraus, dass sie hier, an diesem Ort, den wir bislang als unser Revier betrachtet hatten, würden glücklich sein können.

Für all diese Markierungsaktivitäten benötigten sie eine Strategie. Ein unbekanntes Terrain erobert man nicht auf gut Glück und ohne System.

Es bedurfte also einer Strategie oder, besser gesagt, zweier kombinierter Strategien, denn jede Katze schien bei der Revieraneignung ihr eigenes System zu haben.

Tris, der Waghalsige, eroberte das fremde Terrain wie ein weißer Blitz und unter gewagtem Körpereinsatz. Als Erster von beiden schob er sich durch den Türspalt, der in die Welt eines noch unerforschten Zimmers führte. Blindlings sprang er auf Tische, wie jemand, der sich vom Fuß eines Berges auf dessen Gipfel katapultiert, ohne zu wissen, ob ihn oben ein Plateau, eine Felsspitze, ein Vulkankrater oder ein Meer aus Treibsand erwartet. Ohne Zögern kroch er in Ecken und Winkel und verschwand heimlich mit einem Satz in den verschiedenen Schränken.

Tras, die Vorsichtige, verfolgte, ohne sich von ihrem Polsterkissen zu erheben, aufmerksam die Bewegungen des Waghalsigen. Vom Sofa aus suchte sie, ruhig dasitzend, den Horizont ab, zwängte sich hinter die große Zierpflanze im Wohnzimmer oder verkroch sich auf einen der Esszimmerstühle, dessen Sitz von der Tischplatte geschützt wurde: eine ideale Höhle, von der aus sie alles sah, ohne gesehen zu werden, denn natürlich wusste niemand, dass sie dort saß. Schauten wir zu ihr hinüber, wandte sie den Blick ab oder stellte sich schlafend: Wenn man nichts sieht, sieht einen auch keiner.

Erst nach einer Weile traute sie sich auf das von Tris eroberte Terrain, folgte ihm, wenn sich durch ihn bestätigt hatte, dass dort keine Gefahren lauerten. Mitunter aber zog sie alleine los, um Regionen zu erkunden, die sie von einem ihrer Verstecke aus eingehend betrachtet hatte. Deshalb stießen wir manchmal völlig überraschend auf sie. Wenn wir abgelenkt waren, schlich sie sich auf leisen Sohlen, vollkommen geräuschlos, an einen Ort, den sie allein entdecken wollte, und begann, ihn in aller Ruhe, Zentimeter um Zentimeter, zu untersuchen.

Auch schienen sie beide jeweils andere Orte zu erkunden. Wie zwei gut organisierte Strategen teilten sie sich das Revier untereinander auf, so dass jede Katze es nach ihren Möglichkeiten und mit ihren Mitteln erforschen konnte.

Tris kam offenbar die Aufgabe zu, die höheren Regionen zu erobern: die Tischflächen, die Regale, die oberen Schrankschubladen. Sogar die Türstürze und die Oberkanten der Fensterrahmen taxierte er und schien sich zu überlegen, ob es nicht auch dort Eroberungsmöglichkeiten gäbe.

Tras erforschte vor allem die Ecken und Winkel in Bodennähe. Erfreut entdeckte sie hinter jeder Tür einen Spalt zwischen Tür und Wand: ein ideales Versteck, in das ein, zwei oder sogar mehrere Katzen schlüpfen und sich so unsichtbar machen konnten. Und der oberhalb der Scharniere sich auftuende Schlitz zwischen Rahmen und Tür diente ihr als Guckloch: die ideale Höhle also.

Wohnzimmerpflanzen stehen für gewöhnlich in Blumentöpfen, und manchmal sind diese Töpfe so groß, dass eine Katze sich hervorragend dahinter auf die Lauer legen kann. Deshalb entdeckten wir zuweilen im Dschungel der Ficus- oder Drachenbaumblätter einen kleinen schwarzen, wie aus Pappe ausgeschnittenen Kopf.

Und dann waren da noch die Bäder, köstlich frische Orte voller Schlupfwinkel. Hinter fast jedem Badezimmerelement entdeckte Tras ein Versteck; und wenn zufällig die Glastür der Badewanne offen stand, konnte sie in eine glitzernde, warme (wenn auch etwas feuchte, aber das schien Tras nichts auszumachen) Welt schlüpfen, in der sie nicht mehr zu sehen war. Dass dort Erkundungen stattgefunden hatten, verriet uns das Gewimmel feuchter Pfotenspuren auf dem Parkett, an denen man den Weg der Wannenforscherin vom Bad bis zum bequemsten Wohnzimmersessel verfolgen konnte.

Die Erkundungssysteme beider Katzen harmonierten im Übrigen bestens mit ihrer jeweiligen Morphologie.

Tris' langgestreckter, geschmeidiger Körper bot sich hervorragend zum Erforschen der oberen Regionen an. Die Haltung, in der wir ihn in den ersten Wochen am häufigsten sahen, war die eines Lemuren: auf den Hinterläufen zu ganzer Größe aufgerichtet (die schlanken Oberschenkel stark gedehnt, stützte er sich mit den Vorderpfoten an irgendeiner waagerechten Fläche ab), den Hals unglaublich langgezogen und die Ohren wachsam gespitzt, in forschender Haltung. Dann nahm er Schwung und sprang behände auf eine hochgelegene Stelle, ein schwerelos wirkender Sprung, um den wir ihn beneideten und bei dessen Anblick wir uns ein wenig gedemütigt fühlten: Wir armen steifen Tiere würden niemals etwas Ähnliches vollbringen können.

Tras dagegen glich eher einem kleinen schwarzen Ball. Wie ein seidig glänzender Troddel schien sie über den Boden zu gleiten. Wir sahen und hörten sie nicht, wenn sie lautlos zwischen Stuhl- oder Tischbeinen, manchmal auch zwischen unseren eigenen Beinen hin-

durchschlich. Dann entdeckten wir sie plötzlich, bemerkten, wie sie uns von irgendwoher belauerte, hinter
einer Tür sitzend oder, in würdevoller Pose, auf einem
Kissen oder einem Brett (nicht immer dem untersten)
eines Bücherregals. Wir wussten nie, wie sie dorthin gekommen war.

Zwei Katzen sind besser als eine. Das stellen wir jedes
Mal fest, wenn sie – nachdem sie nun endlich Vertrauen gefasst haben, sich nicht mehr vor uns fürchten,
uns nicht mehr aus dem Weg gehen – gemeinsam, fast
gleichzeitig, aus einem ihrer Verstecke auftauchen und
einmütig in dieselbe Richtung traben, eine des anderen
Ebenbild (Weiß wird Schwarz, Schwarz wird Weiß, wie
von einem Spiegel reflektiert, der ein Bild im Negativ
wiederzugeben vermag). Gelegentlich verunsichert ihr
Anblick uns leicht, wie jemanden, der doppelt zu sehen
glaubt.

Manchmal kommen sie mit majestätischer Trägheit
angetrabt, bis plötzlich, auf halbem Weg, alles Majestä-
tische verpufft und sich uns ein komisches Schauspiel
bietet: Die sich symmetrisch bewegenden Katzen, die
nicht schnurgerade, sondern in leichten Schlangenlinien laufen, geraten, ohne es zu merken, von ihrer
jeweiligen Bahn ab, driften aufeinander zu und stoßen
zusammen. Schlagartig ist alles Würdevolle dahin: Das
gemessen daherschreitende Duo, dessen Mitglieder einen ausgeprägten Sinn für alles Lächerliche haben, löst
sich auf, und jede Katze trottet in eine andere Richtung,

um sich, leicht gedemütigt, unter irgendeinem Möbelstück zu verkriechen.

Sie haben auch ihre eigenen Spiele, an denen wir nicht teilhaben können. Nächtliche Wettrennen, leise zu vernehmen jenseits unserer Schlafzimmertür, die wir immer schließen, wenn wir abends zu Bett gehen; das Blop der Pfoten nach einem Sprung auf den Boden aus wer weiß welchen Höhen; leichtfüßiges Laufen übers Parkett, gefolgt von einem etwas schwerfälligeren Traben, dann plötzlich das Geräusch krallenbewehrter Pfoten, die auf dem Holzboden ins Rutschen geraten sind. Oder wir hören in der nächtlichen Stille das Geräusch einer gleitenden Tür und denken im Halbschlaf: »Diese Biester haben schon wieder die Schranktür im Gästezimmer aufgemacht.« Und versuchen, uns nicht von der Vorstellung um den Schlaf bringen zu lassen, auf welchem empfindlichen Winterpullover sie vielleicht mit ihren Fellpfoten herumtreten, falls nötig, unter Einsatz ihrer messerscharfe Krallen.

Lieber zwei Katzen als eine. Eine einzelne spielt entweder mit uns oder alleine, widmet sich irgendeiner Jagd (der Verfolgung eines Papierbällchens oder einer Schnur oder eines von einem Hemd abgefallenen Knopfes, den sie unter einem Stuhl entdeckt hat und zu einer durch die ganze Wohnung flüchtenden Beute macht). Zwei Katzen dagegen spielen miteinander, kämpfen, haben Spaß oder ärgern einander, gehen sich aus dem Weg oder suchen sich, während wir lediglich Zuschauer ihrer Beziehung sein können. Niemals wären wir fähig, Tras mit langer Zunge abzulecken, wie Tris es tut, wenn beide sich in der Wintersonne gegenseitig putzen, die durchs Arbeitszimmerfenster hereinscheint. Tris leckt energisch, zügig, geradezu besessen den Rücken, das Gesicht und die Ohren von Tras, wohingegen diese ihn sorgfältig, langsam, eher systematisch als sanft bearbeitet, eine Methode, die man als solide Wertarbeit bezeichnen könnte. Wenn beide sich in den Armen liegen, bilden sie eine kreisrunde Figur, ein schwarzweißes Knäuel, in dem man die Tiere kaum noch unterscheiden kann; in diesen Momenten sind sie mehr denn je das lebendige Yin-und-Yang-Symbol.

Alle Katzen leiden an einer angeborenen Krankheit namens »mentale Berechnungen«. Dabei handelt es sich um ein chronisches, aber gutartiges Leiden. Manche Fachleute bezweifeln, dass es wirklich als pathologisch einzustufen ist, sie betrachten es eher als Folge einer gattungsspezifischen spontanen genetischen Mutation ohne krankhaften Charakter, die sogar das Überleben der Tiere begünstigt haben könnte.

Mentale Berechnungen sind Katzengedanken, die sich durch eine Neigung zur Kristallisation auszeichnen. Berechnungen also, die sich im kleinen Katzengehirn ungemein verhärten. So wie bestimmte biologische Materialien (etwa Holz oder getrocknete Kothaufen) mit der Zeit versteinern und zu fossilem Holz beziehungsweise sogenannten Koprolithen werden können (das ist nichts anderes als im Laufe von Jahrmillionen fossilierter Kot), neigen auch Katzengedanken zur Versteinerung. Das heißt, sie entwickeln sich zu kleinen, extrem harten Steinchen mit glatter Oberfläche, die sich in der Regel ein Katzenleben lang halten, da sie sich nicht auflösen und gegen jede Behandlung resistent sind. Das einzige Gegenmittel ist der Ersatz einer dieser mentalen Berechnungen durch eine andere, meist noch größere und härtere.

Der Unterschied zwischen dem Prozess der Fossilisation von Holz oder Kot und jenem der Verhärtung von Katzengedanken besteht darin, dass Letzterer sich mit einer unglaublichen Geschwindigkeit vollzieht und für gewöhnlich schon durch das mehrmalige Wiederholen einer bestimmen Handlung ausgelöst werden kann. Zwei oder drei Wiederholungen können genügen, damit sich ein Gedanke im Gehirn der Katze verfestigt und zu einer fast unumstößlichen mentalen Berechnung wird.

Im Folgenden werde ich einige Beispiele anführen, die die Entstehung mentaler Berechnungen veranschaulichen. Nehmen wir einmal an, Sie stehen eines Tages auf, sehen die Katze mitten auf dem Teppich liegen und kommen auf die Idee, ihr kräftig Rücken und Bauch zu streicheln, wobei sie ihr lauter liebevolle Dinge sagen. Machen Sie das nur einmal, ist das Risiko, dass sich diese Handlung im Katzengehirn zu einem Steinchen verfestigt, minimal. Wiederholen Sie das aber zwei- oder dreimal hintereinander an mehreren aufeinander folgenden Tagen, ist eine Kristallisation des Gedankens

»Wenn sie aufsteht, lege ich mich auf den Teppich, um gestreichelt zu werden« fast unvermeidlich. Wird diese Handlung dazu noch begleitet von anderen wie dem Hochziehen der Rollläden, um das Tageslicht ins Zimmer zu lassen, führt die Assoziation beider Handlungen zu einer noch hartnäckigeren mentalen Berechnung. Auf jeden Fall wird die Katze von nun an, ganz gleich, ob Sie Grippe haben, ob Sonntag ist (ein Tag, an dem Menschen für gewöhnlich später aufstehen) oder ob Sie auf Ihrem Sterbebett in den letzten Zügen liegen, mit absoluter Zuverlässigkeit zur immer gleichen Tageszeit mit forderndem Miauen nach ihrem Recht verlangen: nämlich dass die Rollos hochgezogen werden und ihr Rücken energisch gestreichelt wird. Das liegt daran, dass der Gedanke an diese miteinander verbundenen Handlungen sich zu einem mentalen Kieselstein verhärtet hat. In diesem konkreten Fall, der Verknüpfung zweier Handlungen, die zu einer bestimmten Uhrzeit ausgeführt werden, kann die Berechnung vorteilhaft sein für den Tagesrhythmus Ihrer Katze.

Ein weiteres Beispiel sind Türen. Steht eine Tür normalerweise offen, löst dies im Gehirn der Katze eine kleine mentale Berechnung aus, die zur Folge hat, dass die Katze an dem Tag, an dem die Tür durch Zufall oder aus Notwendigkeit geschlossen ist, deren Öffnung verlangt, und zwar nicht nur durch Miauen, sondern indem sie am Türrahmen kratzt oder zur Klinke hochspringt, um zu versuchen, die Tür zu öffnen (was einigen Katzen auch tatsächlich gelingt).

Manche mentalen Berechnungen sind mit dem Futter verknüpft, weshalb einige Fachleute auch die Ansicht vertreten, dass es sich dabei nicht um eine Krankheit im eigentlichen Sinne handelt, sondern um eine das Überleben sichernde Genmutation (wir beziehen uns hier auf das Überleben der Katze; ob sie die gleichen günstigen Auswirkungen auf das Überleben der Menschen hat, die mit ihr zusammenleben, ist noch nicht erwiesen). Wenn Ihre Katze zum Beispiel grundsätzlich Trockenfutter aus einem Plastiknapf frisst und Sie ihr eines Tages feuchtes Dosenfutter in ein Porzellanschälchen füllen, kann es sein, dass dieser Akt zu einer umgehenden mentalen Berechnung führt, für die nicht einmal eine Wiederholung nötig ist. Ab jetzt wird jedes Mal, wenn Sie mit Geschirr hantieren (ob Teller, Tasse oder Schüssel) und dabei Klappergeräusche machen, die Katze eilig herbeilaufen und lautstark nach dem Dosenfutter verlangen, das ihr sicher besser schmeckt als das Trockenfutter.

Das Auftreten mentaler Berechnungen bedeutet keine größere Beeinträchtigung für das Leben oder Allgemeinbefinden der Katze, ganz im Gegenteil: Man hat beobachtet, dass mäßig intelligente oder Borderline-Katzen (auch das gibt es) weniger zu mentalen Berechnungen neigen als normale oder hochintelligente Katzen. Im Allgemeinen scheinen die Katzen mit ihren versteinerten Gedanken ein zufriedenes Leben zu führen, ja man könnte sogar sagen, dass sie stolz darauf sind.

Um die Entstehung mentaler Berechnungen gezielt zu unterbinden, versuchen wir, unsere Gewohnheiten abzuwandeln und möglichst jede Routine zu vermeiden. Mal stehen die Türen in der Wohnung offen, mal sind sie zu. Es gibt keine zugänglichen oder unzugänglichen Räume, sondern nur über den Tag verteilte Augenblicke, in denen man irgendwo hineinkann oder nicht. Wir bemühen uns, nicht immer zur gleichen Zeit das Gleiche zu tun. Spontan, in unvorhergesehenen Momenten, streicheln wir die Tiere oder spielen mit ihnen: Damit wollen wir verhindern, dass sich die mentale Berechnung *Jetzt ist Spielzeit* herausbildet. Denn wir wissen, wenn wir eine bestimmte Spielzeit einführen, bedeutet das, einen Vertrag auf Lebenszeit zu schließen. Einen Vertrag, an dessen Klauseln wir fortan gebunden sein werden und dessen Erfüllung gnadenlos von uns verlangt werden wird. Die Katzen werden kein Erbarmen kennen, wenn wir sie erst an etwas Bestimmtes gewöhnt haben und diese Gewohnheit einmal nicht einhalten können. Also verändern wir unseren Rhythmus immer wieder so, dass die Katzen uns nicht an sich ketten. Und dabei wird uns bewusst, wie viel Routine unser Leben bestimmt, wie sehr auch wir Gewohnheitstiere sind. Es ist nicht einfach, alles immer wieder anders zu machen; aufgrund einer gewissen Gleichförmigkeit des Alltags machen wir nun mal viele Dinge automatisch.

Dank unserer Katzen, also bei dem Versuch, uns ihren kleinen Tyranneien zu entziehen, entdecken wir auch unser eigenes Leben neu. Dabei fällt uns auf, dass man ein und dieselbe Sache auf verschiedene Arten und zu unterschiedlichen Zeiten machen kann. Wir lassen uns neue Verhaltensmuster einfallen. Natürlich ersetzen nach einer Weile wieder andere, neue, dann ebenso verinnerlichte und automatisierte Verhaltensweisen die alten, eingefahrenen. Aber obwohl wir nicht umhinkönnen, täglich sich wiederholende Dinge zu erledigen, bestimmte gleichbleibende Zeiten einzuhalten und Angewohnheiten zu pflegen, sind wir uns ihrer nun stärker bewusst. Manches ändern wir, anderes behalten wir bei und geben unser Einverständnis zur Entstehung mentaler Berechnungen in den kleinen Dickköpfen dieser eindeutig zwanghaften Tiere. Und ganz allmählich entwickeln wir einen Pakt des Zusammenlebens mit ihnen, bei dem nicht immer nur wir es sind, die die Regeln festlegen.

So lernen wir mit der Zeit, auf Kleinigkeiten zu achten. Zum Beispiel immer die Badezimmertür offen zu lassen, damit die Katzen hineinkönnen, zu ihrem Futter- und Trinknapf und zu ihrem Katzenklo. Aber auch andere, weniger zwingende Details respektieren wir. Wir haben zum Beispiel bemerkt, dass Tras das Brathähnchen-Asana gern auf dem grünen Kissen praktiziert, einem Kissen, das mit einer leuchtend gelben Borte aus stilisierten Bärenklaublättern eingefasst ist. Ihre schwarze Katzenpfote auf dem grün-gelben Kissen erinnert vage an Illustrationen in alten Kinderbüchern. Dort werden Königen und Prinzen Juwelen auf einem weichen Kissen dargebracht, eine goldene Krone, ein Zepter, eine Perlenkette oder ein Diamantring. Und die Farbe des Kissens betont ihr Funkeln und Strahlen noch zusätzlich. Ein Diener oder Page überreicht es dem König, dem Prinzen oder auch der Prinzessin. So ruht Tras mit ihrem schwarz glänzenden Fell millimetergenau in der Mitte des Kissens, ruhig und prachtvoll, als habe man sie dort hindrapiert, um sie als Juwel, als eine wertvolle Gabe darzubringen. Manchmal, wenn das Kissen hochkant an der Rückenlehne des Sofas aufgestellt ist, verändern wir seine Position, legen es waagerecht auf die Sitzfläche, so dass es seine Funktion als Zubehör für den menschlichen Gebrauch verliert und zum Tatami für einige Stunden Katzenmeditation wird. Wir machen es nur, um Tras eine Freude zu bereiten, für den Fall, dass sie beschließt, ihr Versteck, in dem sie sich gerade aufhält, zu verlassen und endlich, majestätisch und vermeintlich gleichgültig, im Wohnzimmer zu erscheinen. Wir erleichtern ihr damit das kleine Vergnügen, sich auf ihrem Lieblingsplatz niederzulassen, nicht sofort, sondern wenn sie Lust dazu hat. Ohne Eile. Wir werden rücksichtsvoller, aufmerksamer, sind weniger auf uns selbst bezogen, achten stärker auf das kleine Bedürfnis, auf weniger noch, auf den kleinen Genuss eines ebenfalls kleinen Wesens, dem wir eine Freude machen wollen, einfach so, dafür, dass es bei uns ist.

So erziehen uns die Katzen. Sie lehren uns, an Kleinigkeiten zu denken, denen wir früher keine Beachtung geschenkt haben, für das Wohlbefinden anderer zu sorgen, etwas nicht nur mit Blick auf das unmittelbare Ergebnis oder unsere eigenen Bedürfnisse zu tun, sondern um eines überflüssigen Luxus willen: dass ein Tier es bequem hat, wenn ihm danach ist.

Nach und nach können wir lernen, es mit Menschen, denen wir bis dahin kaum Beachtung geschenkt haben, genauso zu machen. Da wir es uns wegen der Katzen angewöhnt haben, an andere zu denken, anderen Dinge zu erleichtern, ihnen uneigennützig bestimmte Annehmlichkeiten zu verschaffen, um die sie uns noch gar nicht gebeten haben, gelingt es uns schließlich auch, die Wünsche und Bedürfnisse der Menschen in unserer Umgebung zu erahnen. Genau wie wir das Kissen für Tras hinlegen, damit sie es sich darauf bequem machen kann, nehmen wir in der U-Bahn oder im Bus spontan unsere Sachen an uns und machen den Sitz neben uns frei, erkennen im Voraus, dass die Frau mit dem Kinderwagen vermutlich Hilfe brauchen wird, um die Treppe hinunterzukommen, oder stellen in der Cafeteria die Frühstückstasse auf die Theke, damit der einzige Kellner nicht zu uns kommen muss, um unseren Tisch abzuräumen. So erinnern uns die Katzen fast ohne ihr Zutun, passiv, an die Grundregeln der Höflichkeit, daran, wie wichtig es ist, an die kleinen Dinge zu denken, die das Leben leichter machen.

Zwei Katzen sind besser als eine, denn für ein Tier geht nichts über die Gesellschaft eines anderen Tiers. Wir von der Vernunft verdorbenen Wesen haben vergessen, dass wir Tiere sind, und sind nicht mehr imstande, uns wie solche zu verhalten, mit dieser unbeschwerten Natürlichkeit, diesem Grundvertrauen, das die Tiere uns vorleben.

Die beste Gesellschaft für ein Tier ist ein anderes Tier derselben Gattung. Die beiden können Freunde werden, in einer Weise, wie es mit einem Menschen schlecht möglich ist.

Zum Beispiel liegt Tras ganz bequem, in der Brathähnchen-Asana, auf ihrem Lieblingskissen und döst mit halb geschlossenen Augen friedlich vor sich hin. Von hinten nähert sich Tris, zu irgendeinem Unfug aufgelegt, und beginnt, sie sanft zu belästigen, indem er eine Vorderpfote auf Tras' Hinterbacken legt, anfängt, ihr den Rücken zu lecken oder sie leicht in den Nacken beißt. Das geht so lange, bis Tras, die heute nicht zum Spielen aufgelegt ist, sondern ihre Ruhe haben will, sich vom Kissen gleiten, fast könnte man sagen, herabfließen lässt – so weich und geschmeidig verlässt sie das Sofa – und sich in ein anderes Zimmer verzieht. Daraufhin setzt sich Tris auf das frei gewordene Kissen, beschnuppert es, mit offenem Maul die Luft einsaugend, wie Katzen es zu tun pflegen, wenn sie intensiver riechen wollen. Er inhaliert geradezu den Duft, den seine Gefährtin dort hinterlassen hat, einen für mich nicht wahrnehmbaren Duft.

In anderen Momenten ist es Tras, die ausgiebig an Tris herumschnüffelt, die ihr plattes Näschen an seine Schnauze oder an die in Afternähe sitzenden Drüsen des kastrierten Katers hält, an die Stelle, wo er seinen speziellen, individuellen Geruch absondert. Von diesem Duftaustausch, einem stummen Dialog, dieser Lust, das Aroma ihrer intimsten Körperzonen einzuatmen, sind wir Menschen ausgeschlossen. Nie kämen wir auf die Idee, etwas so Unhygienisches zu tun, wie sie zu belecken und zu beschnüffeln, und selbst für den Fall, dass wir es versuchen wollten, würde es uns nicht gefallen, sondern nur ein Gefühl des Ekels auslösen, einen Ekel, den Katzen nicht empfinden. Bestimmte Beziehungen sind nur zwischen den Tieren möglich, uns bleibt, wenn überhaupt, sie zu beobachten, als stumme, zurückhaltende Zuschauer, und uns jede Einmischung zu verkneifen, damit wir sie nicht bei Aktivitäten einschränken, die für sie voller Bedeutung sind.

Manchmal ist Tras unsichtbar. Zwischen dem Hi-Fi-Schrank und dem Balken, der wie eine Säule im Raum steht und die Vorderseite des Wohnzimmers zweiteilt, tut sich eine kleine Lücke auf, in der die Katzen, wenn sie sich dort verkriechen, für uns Menschen unsichtbar sind. Manchmal huscht Tras da hinein. Sie setzt sich auf ihre Hinterläufe, den Oberkörper kerzengerade aufgerichtet, die Augen weit geöffnet, und schaut uns an, in dem Glauben, wir sähen sie nicht, selbst wenn wir sie anschauen. Offenbar ist sie überzeugt, dass ihre goldgelben Augen, die im Halbdunkel dieses Winkels wie bernsteinfarbene Knöpfe glänzen, für uns unsichtbar sind. Auch ihre beiden eng beieinanderstehenden

Vorderpfoten und ihre hellwachen Ohren, denen nicht der kleinste Laut entgeht – die Haltung eines stillen, braven, aufmerksamen Mädchens –, können wir nicht sehen, selbst wenn wir in ihre Richtung schauen. An diesem Ort fühlt Tras sich sicher, betrachtet uns, ohne die Augen von uns zu wenden, und aus Feingefühl lassen wir diese barmherzige Lüge gelten und schauen ihr nie direkt in die Augen. Unser Blick gleitet nur oberflächlich über ihre Silhouette hinweg, wir tun, als sähen wir sie nicht, nur manchmal fragen wir, nur für den Fall, dass sie uns versteht: »Wo ist eigentlich Tras? Ich habe sie schon eine ganze Weile nicht mehr gesehen.«

Eines Tages habe ich im Schaufenster einer Tierhandlung ein Paar rosafarbene Samtflügel gesehen. Sie waren an einem Halsband befestigt und neben allerlei Hundebekleidung ausgestellt. Da gab es Hunde-Jeans, Schuluniformen für Rüden und Weibchen (für Letztere mit Faltenrock), Anoraks und karierte Mäntelchen, Regenjacken im Stil der alten Öljacken, mit passender Kopfbedeckung.

Mäntel und Regenjacken für Hunde sehen zwar ziemlich lächerlich aus, sind aber unter Umständen nützlich, da sie die Tiere warm halten beziehungsweise vor Regen schützen. Aber einen Hund mit rosa Flügeln Gassi zu führen, was sollte das? Rosa Flügel für einen Hund – oder wohl eher für ein verhätscheltes Hundeweibchen – bedeuten eine unnötige Demütigung, die eine Katze niemals akzeptieren würde.

Ich erinnere mich noch an den Tag, an dem wir Tris-Tras etwas so Banales wie ein Halsband umlegen wollten. Es war ein schwarzes Plüschhalsband, natürlich ein bisschen kitschig und verspielt, mit kleinen Strasssteinchen besetzt, die wie Diamanten glitzerten. Obwohl Tris-Tras gewiss weder die ästhetische Albernheit noch die Anspielung auf *Diamonds are a girl's best friend* erkannte, weigerte sie sich von Anfang an, das Halsband zu tragen.

Es kostete uns alle Kraft der Welt, es ihr umzulegen, weil die ansonsten so gefügige Tris-Tras sich höchst geschickt, wenn auch gewaltlos, aus meinen Armen zu befreien versuchte. Schließlich schafften wir es zu zweit, ihr das Band umzulegen, woraufhin sie sich zu Boden gleiten ließ, mit größter Selbstverständlichkeit den Kopf einzog, das Halsband mit beiden Vorderpfoten packte und es sich in weniger als einer Sekunde geschickt über den Kopf streifte.

Unser Versuch, ein Tier, das schön ist, so wie es ist, und dafür keinerlei Zubehör braucht, unnötig herauszuputzen, blieb somit erfolglos und machte deutlich, was das Ding war, das da mitten auf dem Wohnzimmerparkett lag: ein nutzloser Gegenstand.

Tris-Tras zog sich mürrisch in einen ihrer Lieblingsschlupfwinkel zurück, auf einen der Esszimmerstühle, den schützenden Baldachin der Tischplatte über sich. Dort saß sie viele Stunden, ohne sich blicken zu lassen, wie eine gekränkte Königin, und sagte uns damit stumm, was in der Menschensprache in etwa bedeutet: »Respekt bitte. Ich bin ein Tier und keine Barbiepuppe.«

So spazieren die Katzen durch unser Leben, nackt und stolz auf die Nacktheit ihrer wendigen, muskulösen Körper unter dem dichten Fell.

Je nach Eigenart ihres Stimmapparats lassen sich zwei Untergattungen von Katzen unterscheiden: die lauten und die stillen.

Die lauten Katzen – auch miauende, trötende Katzen oder sogenannte Sängerknaben im Fellkleid – geben eine Vielzahl von Tönen unterschiedlicher Lautstärke, Intensität und Länge von sich. Sie scheinen über eine besondere Sprache zu verfügen, die sie nur Menschen gegenüber benutzen, denn wenn sie mit anderen Katzen kommunizieren, stoßen sie völlig andere Laute aus (Fauchen, Brummen, kleine Schreie und Ähnliches). Der Grund dafür ist vermutlich der, dass Katzen versuchen, die Sprache der Menschen zu imitieren. Zwar haben sie dabei nur einen geringen artikulatorischen Erfolg, erzielen aber eine umso größere Wirkung. In der Tat sind die bepelzten Sänger fähig, wenn auch unartikuliert miauend, mit uns zu kommunizieren.

Wir haben in unserer kleinen Welt eine stille Katze, Tras, die sich quasi lautlos durch die Wohnung bewegt, und wenn sie doch mal miaut, klingt es kraftlos, wie dünnes, zartes, langgezogenes Wimmern. als entweiche aus ihrem molligen Körper die Luft. Tris dagegen verfügt über ein großes Repertoire an kommunikativen

Registern, die von nachdrücklichem Schreien bis zu Mitleid erregendem Miauen reichen; und einige dieser Laute ähneln auf beunruhigende Weise dem Weinen eines Neugeborenen.

Ein Problem ist, dass wir dazu neigen, die Katzen zu vermenschlichen. Ohne es zu merken, sprechen wir mit ihnen fast wie mit Babys, im gleichen Tonfall und mit Worten, die für Geschöpfe reserviert sind, die der Sprache noch nicht mächtig sind, von denen wir aber annehmen, sie könnten dem Klang und der Lautstärke unserer Stimme die Bedeutung unserer Botschaft entnehmen. Mal sprechen wir liebevoll mit ihnen, mal weisen wir sie energisch zurecht und haben dabei immer den Eindruck, uns verständlich zu machen (ob sie uns auch ernst nehmen, ist etwas anderes, ganz zu schweigen davon, ob sie uns gehorchen).

Irgendwann versuchen die Katzen dann, unsere Sprache zu sprechen. Wenn sie mit uns kommunizieren wollen, wenn sie uns um etwas bitten oder etwas von uns verlangen, miauen sie auf eine ganz bestimmte Art. Bei genauerer Beobachtung stellt man dann fest, dass sie sich untereinander nie so verständigen. Verblüffend ist, wie gut sie es verstehen, Babygeschrei zu imitieren. Deshalb macht uns das Miauen einer Katze, vor allem hartnäckiges Miauen, so unruhig, insbesondere uns Frauen. Unser Mutterinstinkt, der Drang, das Junge zu beschützen, erwacht, wenn wir das Klagen eines eigensinnigen, tyrannischen Kätzchens hören. Zumal wir es irrtümlich für schutzlos halten, da wir ja davon überzeugt sind, das Tier sei von uns abhängig (natürlich ist es das auch in gewisser Weise, denn wir bestimmen seinen Freiraum und seinen Zugang zu Nahrung und Wasser). Angesichts dieses dem Weinen eines Menschenjungen so ähnlichen Miauens geben wir schließlich nach und gewähren dem Tier, was es mit seinen herzzerreißenden Klagerufen von uns verlangt.

Manche Menschen hegen die krankhafte Vorstellung, sie stünden in einer echten familiären Beziehung zu ihren Haustieren, und sprechen von sich als »Papa« oder »Mama« einer Katze, eines Hundes, eines Kanarienvogels oder eines Leguans. Bin ich denn die »Mama« dieser beiden kleinen, haarigen Wesen, die durch unsere Wohnung tollen, die sich in den Schränken verstecken, auf die Regalbretter springen und unvermittelt aus irgendeiner Ecke auftauchen, in der wir sie gar nicht hatten verschwinden sehen? Es sind doch zwei Katzen!

Es sind keine Kinder und keine Babys. Es sind erwachsene Kreaturen, durchaus in der Lage, allein zurechtzukommen, und dabei manifestieren sie zuweilen eine Lebensklugheit, die uns abgeht. Deshalb wehren sie sich auch, wenn wir ihnen mit unserer Hätschelei zu sehr auf die Nerven gehen, mit einem kleinen Tatzenhieb, bei dem zwar nie Blut fließt, der aber Grenzen setzt und Respekt einfordert. Das ist ihre Art, uns zu sagen: »Ich bin kein Spielzeug, ich bin nicht dein Kind; ich bin ein Erwachsener einer anderen Gattung.«

Tris und Tras lieben es zu arbeiten, deshalb war für sie heute ein großer Tag. Ich hatte einiges im Haushalt zu erledigen, unter anderem stand eine für sie interessante Umtopfaktion auf dem Programm. Ein paar Pflanzen mussten von kleineren in größere Blumentöpfe umgesetzt werden.

Katzen sind zwar aus anatomischen Gründen für diese Art von Hausarbeit nicht unbedingt geeignet, dennoch versuchen sie, im Rahmen ihrer Möglichkeiten zu helfen, wo sie können.

So haben sie zum Beispiel das Öffnen der Säcke mit Humus und Blumenerde für Zimmer- und Beetpflanzen bejubelt. Tris und Tras rochen sofort, dass aus dem Inneren der Säcke höchst interessante Düfte strömten, und trugen sogleich dazu bei, diese Düfte zu verteilen, indem sie sich abwechselnd, erst der eine, dann die andere, ausgiebig an den aufgeschnittenen Säcken rieben. Danach haben sie sich, während ich umtopfte, darum bemüht, die Blumenerde mit ihren köstlichen ländlichen Aromen über den Küchenboden zu verteilen, und zwar mittels eines rudimentären, aber wirkungsvollen Verfahrens: Man stellt die Pfoten in ein Erdhäufchen, scharrt darin herum, läuft durch den ganzen Raum und wälzt sich anschließend ausgiebig auf den Küchenfliesen.

Als ich mit dem Umtopfen fertig war, folgten mir beide bis zum neuen Standort der Pflanzen und halfen mir beim Aufstellen der Blumentöpfe, indem sie sich ordentlich an ihnen rieben. Einige der Töpfe veränderten infolge ihrer Schubser ein wenig die Position, werden nun aber sicher noch mehr Sonnenlicht abbekommen.

Danach mussten wir die Küche fegen, in der ich trotz aller Vorsicht etwas Erde verschüttet hatte. Tris und Tras putzten mit mir um die Wette, indem sie abwechselnd hinter den Borsten des Besens her jagten. Als ich es geschafft hatte, ein kleines Häufchen zusammenzufegen, hat Tris sich sorgsam daraufgesetzt, um das Häufchen zu bewachen, damit es, während ich die Kehrschaufel holte, nicht entkommen konnte.

Danach musste der Boden gewischt werden. Die Katzen haben ihre Unzulänglichkeiten (sie können keinen Wassereimer füllen noch ihn vom Waschbecken auf den Boden stellen) dadurch wettgemacht, dass sie geprüft haben, ob der Boden zum Wischen auch wirklich nass genug war. Die beste Methode ist die, auf allen vieren (besser gesagt: allen achten, vier Beine pro Tier) über jede einzelne Fliese zu laufen.

Nachdem sie meine Putzaktion überwacht und festgestellt hatten, dass ich den Boden ordentlich gewischt hatte, haben sie sich würdevoll, ohne einen Dank von mir zu erwarten, ins Wohnzimmer zurückgezogen und dabei eine feuchte Spur aus Pfotenabdrücken hinterlassen, sozusagen wie Hänsel und Gretel ihren Weg markiert.

Obwohl beide Katzen kastriert sind, verhält sich Tris manchmal dennoch wie das, was er ist: ein Kater. So kommt es vor, dass er sich seiner gemütlich auf einem

Kissen liegenden Gefährtin von hinten annähert, sie abzulecken und ihre Hinterbacken zu betasten beginnt,
indem er mit der rechten Vorderpfote sachte darauf-
klopft. Er geht zwar behutsam vor, mit eingezogenen
Krallen, aber in seinem Verlangen nach Aufmerksamkeit wird er immer zudringlicher.

Tras liegt träge da und schaut ihn desinteressiert an:
Sie hat jetzt keine Lust zu spielen. Aber Tris lässt nicht
locker, drängt sich an Tras' Hinterteil, umarmt sie mit
seinen Vorderpfoten und packt ihren Nacken sanft, aber
fest mit seinen kleinen weißen Zähnen. Tras wird sauer,
wendet langsam den Kopf, wobei sie den Schwanz fest
an den Körper presst, während das erregte Männchen
nach Mitteln und Wegen sucht, sie zu besteigen.

Das Ganze endet ziemlich heftig. Die mittlerweile
sichtlich erboste Tras stößt erst ihr kraftloses, nach ent-
weichender Luft klingendes Miauen aus, dann faucht
sie, wirft sich herum und droht Tris, ihm eine zu ver-
passen. Noch hält sie sich zurück, präsentiert ihm aber
schon deutlich die vier kleinen transparenten Dolchen
gleichenden Krallen. Da lässt Tris endlich locker, springt
wieder zu Boden und leckt sich frustriert die Leisten,
zwischen denen ein kleiner rosafarbener Stummel hervorschaut. Auch ein kastrierter Kater ist und bleibt ein
Kater. Das Leben versucht, selbst auf unmöglichen Pfa-
den, sich einen Weg zu bahnen.

Kennt man die Geschichte der beiden, wundert man
sich, dass sie überhaupt noch am Leben sind.

Im Grunde kennen wir ihre Geschichte auch nur bruchstückhaft, aber zumindest wissen wir, dass sie nicht wie normale Hauskatzen in geordneten Verhältnissen aufgewachsen sind. Sie stammen aus einem Tierheim, wo sie als sogenannte »Räumungstiere« unterkamen, nachdem sie in lebensbedrohlicher Verfassung aus einem Gehege voller Hunde, Katzen, Schweine und Hühner befreit worden waren. Jemand hatte lauter Tiere unterschiedlicher Gattungen zusammengepfercht und offenbar angenommen, er tue ihnen etwas Gutes.

Der Grund ist eine noch kaum erforschte Krankheit, eine Art zoologische Variante des Messie-Syndroms. Die Betroffenen, psychisch gestörte Menschen, fühlen sich gedrängt, sämtliche Tiere aufzulesen, die ihnen über den Weg laufen und ihnen hilfsbedürftig erscheinen. Im Glauben, sie zu beschützen, halten sie sie an einem Ort fest, wo etliche Tiere auf engstem Raum und unter erbärmlichen Bedingungen leben müssen. Tierarten, die nicht zum Zusammenleben geschaffen sind, werden dort gemeinsam eingesperrt, bekommen nur wenig Futter, attackieren sich gegenseitig, werden krank und sterben an mangelhafter Ernährung oder Verletzungen. Bis sich eines Tages die Nachbarn über den Lärm, den Gestank und das pausenlose Jaulen der Hunde beschweren, die in ihrem Gefängnis durchdrehen.

Meistens landen die geretteten Tiere dann in einem Tierheim oder werden geschlachtet. Ihr Körper ist mit Wunden bedeckt, sie sind unterernährt, haben Parasiten, sind verstört und manchmal aggressiv. Solche Tiere will niemand haben.

Unsere beiden Katzen aber besaßen einen unerschütterlichen Lebensdrang. Mit Flöhen und Zecken übersät, von Würmern und Milben befallen, und obwohl sie sich von demselben Fraß hatten ernähren müssen wie die Schweine, schafften sie es zu überleben. Vielleicht gerade weil sie zu zweit waren: Katze und Kater, zwei unzertrennliche Geschöpfe, die einander verteidigten und beschützten und vermutlich in ihrer Vorgeschichte als unkastrierte Tiere mehrfach gemeinsam Junge hatten, von denen wir jedoch nichts wissen, nicht einmal, ob eines von ihnen überlebt hat. Vielleicht hat Tras Dutzende kleiner Kätzchen gesäugt, die nacheinander gestorben sind, von Katzenleukämie dahingerafft oder von Hunden und Schweinen aufgefressen.

Auf jeden Fall gelang es den beiden, sich anzupassen und auf engstem Raum mit Tieren, die viel größer waren als sie, mit halbwilden Hunden und Schweinen, die nach Frischfleisch lechzten, zu überleben. Ihr Körper trägt noch die Spuren die er Zeit: Tras hat Narben an der Schnauze, Tris einen verstümmelten Schwanz.

Wenn wir heute am Ende eines Arbeitstages nach Hause kommen, laufen uns beide, Tris und Tras, entgegen, sobald sich der Schlüssel im Schloss dreht. Fröhlich empfangen sie uns, streichen abwechselnd (weiß und schwarz, schwarz und weiß) voller Zutrauen um unsere Beine, fordern mit lautem Katzengeschrei, von uns gestreichelt zu werden, und lassen sich auf den

104

Boden fallen, wo sie uns ihre seidigen Bäuchlein präsentieren, damit wir sie zärtlich kraulen. Wir staunen, wie zahm sie sind, wie vertrauensvoll, wie sicher, dass wir ihnen kein Leid zufügen werden. Wir wundern uns, dass sie trotz einer Vergangenheit voller Schmerz und Furcht so gelassen sind, ohne Argwohn oder Angst, weder widerspenstig noch aggressiv, sondern verschmust und zutraulich. Ohne Zweifel freuen sie sich, uns zu sehen, vor allem aber freuen sie sich, am Leben zu sein. Und wir bewundern ihre Überlebensfähigkeit und sind stolz, dass es uns gelungen ist, ihr blindes Vertrauen zu gewinnen.

Als kleines Mädchen habe ich einmal in einem Wissenschaftsmuseum eine Vitrine mit den Schädeln mehrerer Vertreter der Familie der Katzen gesehen. Sie waren in einer Reihe angeordnet, ihrem Umfang nach vom größten Schädel (das fossilierte Exemplar eines Säbelzahntigers) bis zum kleinsten. Ich staunte damals über den winzigen Schädel einer Hauskatze und vor allem über dessen abgeflachte Form, das Tier schien überhaupt keine Stirn zu haben, beziehungsweise zog sie sich in einer horizontalen und fast geraden Linie von der Nasenhöhle bis zum Hinterkopf. In diesen Schädel konnte doch unmöglich das Gehirn eines Lebewesens passen?

Damals gab es noch keine Computertechnik für den Privatgebrauch, und wir waren noch nicht wie heute an winzige Speichergeräte gewöhnt. Es sollte noch etliche Jahre dauern, bis unsere Arbeit vor Monaten oder die

Bilder eines ganzen Lebens auf einem USB-Stick, im Sektor einer Festplatte oder in einer kleinen Ecke der Cloud Platz finden würden. Damals mussten die Dinge größer sein als heute, um funktionieren zu können.

Deshalb fand ich es unglaublich, dass der Schädel einer Katze, in den gerade mal eine Walnuss passt, so vieles enthalten sollte: all diese fixen Ideen, die an Manien grenzen, diese verschmuste Zärtlichkeit, mit der ein Katzenköpfchen danach verlangt, gestreichelt zu werden, Gedankenassoziationen, die uns klarmachen, dass dieses Tier nicht – wie man zuweilen meinen könnte – ein Plüschtier ist oder – wie manche gerne glauben würden – ein kleiner Roboter, sondern ein lebendiges Wesen. Und vor allem jede Menge Klugheit, die der Katze dazu dient, im Sommer den kühlsten und im Winter den wärmsten Ort der Wohnung ausfindig zu machen. Selbst wenn sie Hunger hat, weist sie verdorbene, für sie schädliche Nahrung zurück (es ist sehr schwer, eine Katze zu vergiften). Und wenn sie zwölf oder vierzehn Stunden am Tag schläft, bleibt sie trotzdem absolut fit, bewahrt sich ihre kräftigen Muskeln und ihren gelenkigen Körper, indem sie immer wieder, zwischen Nickerchen und Nickerchen, geschickt über den Tag verteilte Dehnübungen einlegt. Eine Klugheit des Körpers, von der wir schwerfälligen, steifen, nicht sehr sicher auf unseren Beinen stehenden Wesen nur hoffen können, sie wenigstens teilweise, mit Hilfe von viel physischem und mentalem Training, zu erlangen.

Tras hat es sich auf meinem Schoß bequem gemacht und schnurrt. Geistesabwesend streichle ich ihr seidiges Köpfchen, da stoßen meine Finger plötzlich auf eine kleine Furche. Ich schaue mir die Stelle genauer an und entdecke zu beiden Seiten von Tras' Schnauze, verborgen im kurzen Haar ihres Gesichts, Spuren einer Bissverletzung, zwei gleich große Narben, deren bloßer Anblick weh tut. Eines Tages müssen zwei kräftige Eckzähne dieses kleine Maul gepackt haben; keine Katzenzähne, sondern die eines größeren Tieres, vielleicht die eines Hundes.

Sofort male ich mir den unerträglichen Schmerz aus, stelle mir vor, wie das Maul blutete, wie das Tier verzweifelt in ein sicheres Versteck flüchtete, dass es tagelang nicht fressen konnte, weil die Risse im Fleisch, die sich nur langsam schließenden Wunden unaufhörlich schmerzten, und wie das Tier das kleine Unglück – für die Welt ein unbedeutendes, für die Katze ein riesiges – überwand und es wieder schaffte, zu trinken, ein wenig zu fressen, Nahrung, die ihm noch weh tat, aber notwendig war, die nach Blut schmeckte, nach dem eigenen Blut.

Ganz allmählich muss der Schmerz abgeklungen sein und die Wunde sich geschlossen haben. Und heute hat Tras jene Katastrophe wohl vergessen, die sie beinahe das Leben gekostet hätte und mit der sie allein fertigwerden musste, mit der Tapferkeit eines verletzten Tieres, das leben will.

In den ersten Zeiten spürten wir jedes Mal, wenn wir die Katzen auf den Arm nehmen wollten, dass sich ihre Muskeln unter unseren Händen anspannten, Muskeln fluchtbereiter Tiere. Wir die Riesentiere, konnten sie überrumpeln, sie packen ihnen unter die Achseln greifen und ihren Brustkorb problemlos mit unseren beiden Händen umfassen. Aber nicht ohne einen Widerstand zu spüren: Unter der weichen Haut saßen die kleinen, stählernen Muskeln, die sich geschickt zusammenzogen und wieder dehnten und es dem gefangenen Körper ermöglichten, rasch wieder freizukommen. Wollten wir sie trotz ihres Widerstands festhalten, kamen ihnen ein paar scharfe Hornhautklingen zu Hilfe, die plötzlich aus den Hinterläufen hervorschossen. Die Katze stieß sich an unserem Körper ab und entkam mit einem gekonnten Sprung. Das Tier, das für einen kurzen Moment gefangen gewesen war, floh und verkroch sich an einem sicheren Ort, wo es unerreichbar war, unter einem niedrigen Tischchen oder hinter einer offenen Tür.

Mittlerweile vertrauen sie darauf, dass wir es gut mit ihnen meinen, auch wenn ihnen unser Drang, sie zu umarmen, nicht immer behagt. Wie gerade eben, als ich Tras' Nickerchen unterbrochen habe, um sie auf den Arm zu nehmen. Eine kleine Robbe mit glänzendem Fell schlägt erstaunt die Augen auf, versucht sich aus meinen Armen zu winden, die Glätte ihres seidigen Fells nutzend, und als ihr das nicht gelingt, macht sie etwas Widersprüchliches, das gleichzeitig ihr Unbehagen und ihr Vertrauen zum Ausdruck bringt: Die Hinter- und Vorderpfoten drückt sie sanft und ohne Krallen gegen meine Brust, um zu entkommen, ihren Fellkopf aber legt sie ruhig auf meine Hand und verlangt nach Streicheleinheiten, während ihr Körper in einem tiefen Schnurren zu vibrieren beginnt, als würde im Innern dieser kleinen Pelzrobbe ein Dieselmotor anspringen.

Diese Hibbeligkeit. Diese Hibbeligkeit, die Kater Tris zu einem regelrechten Nervenbündel macht. Im Gegensatz zur ruhigen Trägheit von Tras diese plötzlichen Anwandlungen von Tris, der immer gespannt ist wie ein Flitzebogen.

Tris ist immer der Erste, der angelaufen kommt, um uns zu begrüßen, wenn wir von der Arbeit heimkommen und die Wohnungstür öffnen. Gut möglich, dass er gerade friedlich geschlafen hat, dass er bequem im besten Sessel des Hauses gelegen und auf einmal den Schlüssel im Schloss gehört hat. Da ist er hochgeschossen wie ein Springteufel, sogar ohne sich erst zu strecken und zu dehnen, ist wie von der Tarantel gestochen und unter lautem Gemiaue zur Tür gerannt.

Er reibt sich an unseren Beinen, nicht behutsam und sanft, wie Tras es macht, sondern höchst energisch. Er bestürmt uns regelrecht, rempelt uns an, dreht sich einmal im Kreis und beginnt noch einmal, sich mit Wucht gegen uns zu werfen. Ein Bündel elastischer Muskeln und zum Zerreißen gespannter Nerven.

Unter pausenlosem Gemiaue folgt er uns durch den Flur, überholt uns, läuft vor unseren Beinen hin und her, von rechts nach links und zurück, so dass wir manchmal über ihn stolpern oder ihn ungewollt treten. Er aber scheint glücklich, hört nicht auf, seine alltäglichen, seine allabendlichen Freudenschreie auszustoßen. Erst wenn er sieht, dass wir sitzen, verstummt er und springt einem von uns auf den Schoß, tritt auf dessen Beinen herum, dreht sich um sich selbst, tretelt sich mit gezückten Krallen ein Plätzchen zurecht, so dass mancher Pulli dran glauben muss, verlangt mit Kopf- und Rückenstupsern, gestreichelt zu werden, und wenn er merkt, dass wir keine große Lust dazu haben, tut er etwas für eine Katze Unglaubliches: Er legt eine Pfote auf unsere Hand, die Krallen sorgsam eingezogen, um uns nicht weh zu tun, und führt sie mit der geschlossenen Tatze zu seinem Kopf, damit wir ihn hinter den Ohren oder unterm Kinn kraulen.

Wenn wir seinem Drängen endlich nachgeben, lässt er sich begeistert liebkosen, wälzt sich auf unserem Schoß und streckt uns seinen weißseidenen Bauch entgegen, der unbedingt gestreichelt werden will. Dann dreht er sich in einer irrsinnigen Verrenkung um seinen eigenen Körper, leckt sich an einer Hinterpfote, schnappt nach seinem Schwanz, der ihm bei seinem Herumgezappel immer wieder in die Quere kommt, bedrängt uns noch einmal, energisch und zärtlich zugleich, greift wieder nach unserer Hand, um uns zu zeigen, wo wir ihn streicheln sollen (mal streckt er uns den Kopf entgegen, mal den ganzen Körper), dreht sich im Kreis, verfolgt wieder seinen ihm dauernd entwischenden Schwanz,

zückt nochmals die Krallen, um ausgiebig, aber doch
behutsam auf unserem Schoß zu treteln – beschränkt
sich dabei aber aufs Fädenziehen, unsere Haut berührt
er nur selten –, und streckt sich schließlich erschöpft in
ganzer Länge auf einem unserer Beine aus, schaut uns
an, mit schweren Lidern, und lässt zu jeder Seite eine
Vorderpfote herunterbaumeln, wie es die Löwen tun,
wenn sie auf einem Ast ein Schläfchen halten. Katzen-
gene: Er ruht in derselben Position wie seine Verwand-
ten in der Savanne, einer Savanne, die Tris nie gesehen
hat. Und wir, die wir im Gegensatz zu ihm die Savanne
und die schlummernden Löwen aus Dokumentarfilmen
im Fernsehen kennen, versuchen, uns zu verhalten wie
Akazien auf weiter, karger Steppe. Wir wollen seine
Ruhe nicht stören. Nach einer Weile merken wir dann,
dass das Tier eingeschlafen ist und auch das Bein, das
ihn trägt.

Wenn Tras nach Streicheleinheiten verlangt, tut sie es
auf längst nicht so gebieterische, sondern auf eher mit-
leiderregende Weise: Ein dünnes, zartes Miauen kommt
aus ihrem geschlossenen Maul, wie gesagt klingt es
wie Luft, die aus einer kleinen, unsichtbaren Öffnung
strömt. Ein leises Jammern, das zärtliche Gefühle auslöst
und unseren auf hilflose Wesen ausgerichteten Beschüt-
zerinstinkt weckt. Das schwarzseidene, wie Pechkohle
glänzende Fell gleitet zaghaft an unseren Knöcheln entlang, hin und her. Man könnte meinen, bei ihrem leisen, langgezogenen Miauen verlöre Tras an Umfang: ein

kleiner schrumpfender Ballon voller Jammertöne. Aber nein, sie bleibt rundlich und weiblich wie immer, mit ihrem molligen Hinterteil, den gepolsterten, krallenlos wirkenden Pfoten und dem ebenfalls runden Kopf mit seinen kleinen spitzen Öhrchen. Auf uns Menschen wirkt alles Rundliche schutzlos und kindlich.

Und dann streckt sich der pummelige Körper und stellt sich auf die Hinterpfoten. Tras wächst in ungeahnte Höhe und beginnt, mit Hilfe ihrer Krallen, geschickt wie eine Kletterkünstlerin, eines unserer Beine zu ersteigen. Sie erklimmt unseren wieder zum Baumstamm gewordenen Körper und sucht nach unserer rechten Hand, um von ihr liebkost zu werden. Wir streicheln ihr lange den Rücken und betrachten dabei staunend ihre spitzen Krallen, es sind die eines sich höflich zurückhaltenden Raubtiers.

Katzen sind äußerst reinliche Tiere, die die unglaublichsten Verrenkungen machen, wenn sie sich putzen, wenn sie ihr Fell mit ihrer rauen Zunge wie mit einem Striegel bürsten. Manchmal putzt jede der beiden Katzen sich selbst, leckt sich gründlich die Brust und die Vorderpfoten, die haarigen Tatzen (zum Pfotensäubern gehört in der Regel auch das rhythmische Beknabbern der Krallen, der Pfotenballen und der dehnbaren Häute zwischen den einzelnen Zehen, aus denen während dieser Aktion die Krallen hervorschauen). Danach windet sich das Tier um sich selbst, verbiegt sich derart, dass es sich – von den Flanken bis zur Wirbelsäule – den Rücken bis hinunter zum Gesäß lecken kann. Dann hebt es eine Hinterpfote, streckt sie kerzengerade in die Luft wie den Arm eines Cellos und bearbeitet sie nun mit ihrer zum Bogen eines Streichinstruments mutierten rosa Zunge. Zu guter Letzt beugt die Katze ihren Oberkörper vor, schiebt den Kopf zwischen die Beine und leckt sich gewissenhaft den Bauch, die Genitalien und den After, der nach dieser ausgiebigen Wäsche rosig und frisch ist wie am ersten Tag.

Manchmal putzen Tris und Tras sich gegenseitig, lecken einander den Kopf, den Hals und den Rücken (weiter kommen sie nie, da eine Art Katzenscham hier die Grenze zu ziehen scheint; ihre intimsten Zonen putzt jede Katze selbst, denn eine Sache ist Freundschaft, eine andere Zügellosigkeit).

Ihre Ausscheidungen vergraben die Katzen mit großer Sorgfalt, beinahe mit Feuereifer; emsig scharren sie in ihrem Katzenklo, ringsum die kleinen Meerschaumbröckchen der Streu verteilend. Es ist ihnen wichtig, dass alles gut abgedeckt ist, so wichtig, dass sich der Bereich, in dem gescharrt wird, manchmal über das Katzenklo hinaus erstreckt. Plötzlich sehen wir die Katze fleißig die Bodenfliesen kratzen, als könnte sie sie mit ihren Krallen auflockern und ihren Kot mit Keramikstückchen bedecken. Kaum haben wir das Katzenklo gereinigt, kommen beide eilig herbeigelaufen, um die saubere, frisch in die Wanne gefüllte Streu einzuweihen; die neue Streu, die noch herrenlos war, gehört jetzt ihnen.

Wenn eines der Sofakissen mal in die Wäsche musste, merken die Katzen es sofort. Genau auf diesem Kissen, auf keinem anderen, lassen sie sich zu einem ausgiebigen Schläfchen nieder. Das ist ihre Art der Eroberung (oder eher der Rückeroberung) eines kleinen, kaum vier mal vier Handbreit großen Territoriums, das man ihnen für kurze Zeit entwendet hatte. Ein vom Duft nach Waschmittel und Weichspüler durchdrungenes Territorium, das wir ihnen freudig zurückgegeben haben und auf dem sie nun ihren eigenen Duft hinterlassen, um es sich auf diese Weise erneut anzueignen. Da wir ihre zarten Gerüche nicht wahrzunehmen vermögen, neigen wir oftmals dazu, ihre Gesten falsch zu interpretieren. Mit anderen Worten, wir beobachten ihr Tun, aber meistens verstehen wir es nicht.

Draußen ist es so kalt geworden, dass in der Wohnung die Fensterscheiben beschlagen, die jetzt nicht mehr durchsichtig, sondern von einem feuchten Schleier und vielen kleinen Wassertropfen überzogen sind. Tris springt auf einen Stuhl, streckt sich in die Länge, als hätte er einen Gummikörper, stützt sich mit den Vorderpfoten am Fensterrahmen ab und beginnt, mit der Zunge über die feuchte Scheibe zu fahren. Er trinkt von der flüchtigen Quelle des Fensters.

Neben dem Napf mit dem Trockenfutter, aus dem sich die Katzen jederzeit bedienen können, steht immer auch eine Tasse mit sauberem Wasser. Wir spülen sie täglich und stellen sie, bis oben hin gefüllt, an ihren

Platz zurück, und jedes Mal ist es Tris, der als Erster angelaufen kommt, um von dem frischen Wasser zu trinken, bevor auch Tras sich nähert. Der Kater trinkt viel, mit kräftigen Zungenschlägen, seine Zunge als Löffel benutzend. Jeden Tag hören wir sein Schlabbern am frisch gefüllten Wassernapf.

Und wenn ich ihn jetzt beobachte, mit welcher Hingabe er die Wassertropfen aufleckt, weiß ich, dieses Tier muss in seinem Leben einmal großen Durst gehabt haben, muss nach Wasser gesucht haben, wo es keines gab, und hat in dieser Lage bestimmte Techniken erlernt beziehungsweise sich selbst beigebracht, um seinen aufgestauten Durst zu stillen, den es bis heute nicht ganz vergessen hat. Deshalb rennt Tris immer sofort zum frisch gefüllten Napf, deshalb interessiert er sich für die Wassertropfen, die wie Tränen an der Scheibe entlanglaufen, als wären sie das einzige Wasser weit und breit, die einzige Möglichkeit zu überleben.

An einem Winterabend ist es schön, ein bisschen Musik zu hören, wenn draußen, hinter den gut verschlossenen Fenstern ein eisiger Wind pfeift, der vielleicht Schnee ankündigt.

Gleichgültig schauen die Katzen zu, wie wir aus unserer CD-Sammlung ein Streichquartett von Beethoven auswählen, den Hi-Fi-Schrank öffnen, die Scheibe in den CD-Player schieben und auf irgendwelche Knöpfe drücken. Kaum aber erklingt die Musik, erwacht bei Tris die Neugier. Er erhebt sich von seinem bequemen

Sessel, legt sich in eleganter Pose auf den Teppich und blickt auf die beiden Lautsprecher. Intuitiv hat er sich den besten Platz ausgesucht: Zwischen den Lautsprechern und seinem Kopf ließe sich ein gleichschenkliges Dreieck einzeichnen.

Er sieht aus, als läge er einfach nur entspannt da, doch seit Beginn des Konzerts wendet er die kleinen seidigen Ohren in einer etwas krampfhaft wirkenden Haltung in die Richtung, aus der die Musik kommt. Jedes Ohr scheint auf einen der beiden Lautsprecher zu lauschen, beide sind in entgegengesetzte Richtung gewandt, um die jeweiligen Klänge besser aufnehmen zu können. Dabei bewegen sie sich zwar kaum merklich, aber doch wahrnehmbar, und natürlich keineswegs willkürlich: Ein Ohr scheint dem Cello zu lauschen, das andere den Geigen, und je nachdem, ob im Konzert gerade das eine oder das andere Instrument die führende Rolle spielt, verstellen sie sich ganz leicht. Katzenohren, die eine Stereoaufnahme verfolgen.

Mitten im Konzert steht Tris auf einmal energisch auf, springt auf meine Beine und beginnt, fieberhaft auf meinem Schoß zu treteln, mit so schwungvoll auf und ab federnden Pfoten, dass er mich an einen Pianisten erinnert, der voller Inbrunst eine Konzertpassage spielt. Irgendetwas hat ihn plötzlich euphorisch gestimmt.

Als er wieder etwas ruhiger beziehungsweise nicht mehr ganz so *appassionatto* ist, klettert er von meinem Schoß, steigt auf die Armlehne des Sessels und streckt sich in ganzer Länge darauf aus (und ein Katzenkörper ist unglaublich lang!). Ich sehe ihn langsam einnicken, aber selbst im Halbschlaf scheint er noch auf die Musik zu reagieren, das ganze Konzert hindurch bewegen sich seine Ohren leicht, jedes in eine Richtung, den aus der Anlage dringenden Klängen folgend. In diesem Augenblick wirkt er vollkommen entspannt und zufrieden; von Zeit zu Zeit öffnet er die Augen einen Spalt und blinzelt uns an, schläfrig und glücklich.

Ein wenig neidisch betrachten wir ihn. Das Gehör einer Katze vermag Töne mit einer Frequenz von bis zu 64 000 Hz zu registrieren, das menschliche Ohr dagegen hört bestenfalls Frequenzen bis 20 000 Hz. So hat also dieses vor fast zweihundert Jahren von einem Tauben komponierte Konzert hier und heute einen ganz besonders empfindsamen Hörer gefunden. Das feine Ohr von Tris nimmt in Beethovens Musik Nuancen wahr, die uns entgehen, Obertöne, die wir niemals hören werden.

Wenn wir sie so spielen sehen, fröhlich, anmutig und voller Leben, müssen wir unweigerlich daran denken, dass diese Fröhlichkeit, diese Anmut und diese Schönheit eines Tages nicht mehr sein werden. Vergänglich wie wir selbst, werden diese Katzen, die jetzt miteinander spielen, die sich verstecken, um dem anderen aufzulauern und sich überraschend auf ihn zu stürzen, die sich zu zweit über den Teppich wälzen und sich übermütig durch den Flur verfolgen, eines Tages sterben. Nichts wird bleiben von ihnen als unsere Erinnerung an sie, so wie wir es auch mit Tris-Tras erleben, wenn alte Fotos sie uns wieder ins Gedächtnis rufen, wenn wir unvermittelt, noch heute, an einem Kleidungsstück, das lange Zeit unbenutzt im Schrank lag, ein goldgelbes Katzenhaar finden oder wenn uns ganz plötzlich der Gedanke kommt, dass es sie einmal gegeben hat, dass sie ein Teil – weiß Gott kein kleiner, an Körpergröße zwar gering, aber nicht an Bedeutung – unseres Lebens war.

Welchen Sinn haben diese kleinen Leben? Vermutlich denselben wie unseres, schlicht und einfach den, dass diese Lebewesen existieren, sich lebendig und rege fühlen, in sich eine Fülle verspüren. Uns wird das vielleicht niemals gelingen, da wir so sehr mit unseren Gedanken beschäftigt sind, uns laufend eine Zukunft ausmalen, die vielleicht niemals kommen wird, uns Dinge vorstellen, Dinge wünschen oder fürchten, die wahrscheinlich gar nicht eintreten werden. Von der Gegenwart abgelenkt, gedanklich mit fernen, ungewissen Zeiten befasst, fällt es uns schwer, uns auf das Jetzt einzulassen, auf gegenwärtige Momente, die vorübergehen, ohne dass wir es merken, ohne dass wir sie spüren. Wir lassen sie ziehen wie Sand, der durch unsere Finger rieselt, wie Wasser, das durch einen Korb sickert, während wir einen Horizont betrachten, von dem doch immer fraglich ist, ob wir ihn je erreichen werden: Leben ist das, was passiert, während du eifrig dabei bist, andere Pläne zu machen.

Katzen dagegen überlassen sich dem Schicksal ihrer wendigen Körper, ihrer Schönheit, die sie ohne Arroganz besitzen – der Schönheit dessen, der sich seiner

Schönheit nicht bewusst ist –, freuen sich ganz einfach, am Leben zu sein, ohne an die Zukunft zu denken oder sich über die Vergangenheit zu grämen: Jetzt sind wir hier, genießen es, dass wir leben, erfreuen uns an dem Sonnenstrahl, der durchs Fenster fällt und auf dem Boden ein warmes Rechteck bildet, auf dem man sich niederlassen, die Augen schließen und zu schnurren beginnen kann.

Wir Menschen aber denken – denn nicht denken können wir nicht – an das Wie und Wann ihres Todes, ihrer beider Tod. Sehr wahrscheinlich werden sie uns nicht gemeinsam verlassen, nicht beide gleichzeitig aus unserem Leben verschwinden. Wir erwarten – oder fürchten vielmehr – einen gestaffelten Tod. Welches kleine Leben wird zuerst erlöschen? Und wenn es so weit ist, was wird dann die andere Katze tun, die, die überlebt, die plötzlich ihres Gefährten beraubt ist? Vielleicht wird sie mehrere Tage lang vergeblich nach der anderen Katze suchen, wird hoffen, dass sie wiederauftaucht wie jemand, der von der Jagd zurückkehrt oder von einem langen nächtlichen Streifzug. In den ersten Tagen wird sie sich zum Schlafen an ihrem Lieblingsplatz zusammenrollen, und dort, wo vorher zwei Katzen lagen, wird nur noch eine liegen. Vielleicht werden wir sie mit Zärtlichkeit überhäufen und versuchen, ihr das zu sein, was wir nicht sind: eine andere Katze, ein anderer Spielgefährte als Ersatz für den, den sie immer hatte.

Vielleicht auch nicht. Vielleicht wird die Katze, die

überlebt, sich gleichgültig schlafen legen, in ihrem Revier, das sie bislang mit einer zweiten Katze geteilt hat, wird zu ihrem Fressnapf laufen und gar nicht merken, dass er jetzt voll er ist, dass das Futter länger vorhält und das Wasser nicht so schnell verbraucht ist. Sie wird sich daran gewöhnen, allein zu sein, wird sich Spiele mit Kleinigkeiten ausdenken, ungeachtet der Tatsache, dass sie diese Spiele einmal mit einem anderen Wesen von seiner Größe gespielt hat, das fähig war, mit einem einzigen Satz genau so hoch zu springen und dieselben Winkel in Höhlen zu verwandeln wie sie, jene Orte, an die wir viel zu großen Katzen nicht passen. Vielleicht wird das Leben sich sanft gegen den Tod behaupten, sich fortsetzen in einem neuen, kaum veränderten Alltagstrott. Was wissen wir schon über die Bande zwischen diesen beiden Katzen, die sich gerade gegenseitig mit ihren langen rosa Zungen das Fell putzen?

Einmal mehr sind wir es, wir Vernunftkranken, die pausenlos düstere Gedanken produzieren. Die beiden Katzen werden sterben, erst die eine, dann die andere. Oder sind wir womöglich vor ihnen dran, wird zwischen dem einen kleinen Tod und dem anderen unser eigener liegen? Da taucht, weil wir auch diese Möglichkeit unter mehreren in Betracht ziehen, noch eine weitere kleine Angst auf: Wer wird sich um sie kümmern, wenn wir nicht mehr da sind? Als wären sie Babys, außerstande, für sich selbst zu sorgen. Einmal mehr vergessen wir, dass sie keine Kinder, sondern Erwachsene einer anderen Gattung sind, beharren auf unserer Vorstellung, sie seien viel abhängiger von uns, als sie es womöglich sind. Ihre Furcht währt einen Augenblick, entsteht und verflüchtigt sich wieder. Unsere hält an, wird in Erinnerungen mitgeschleift und in eine unbekannte, unvorhersehbare Zukunft projiziert. Währenddessen sitzen die Katzen bequem auf ihrem Lieblingssessel und putzen sich gegenseitig das Fell mit ihren langen rosa Zungen.

Inhalt

Theresa Prammer

Mörderische Wahrheiten

Roman.
Klappenbroschur.
Auch als E-Book erhältlich.
www.list-verlag.de

*»Wenn Haas' Brenner ein weibliches Pendant suchte:
Theresa Prammer kann ihre Lotta Fiore sofort zum
Vorsingen schicken.«* *Süddeutsche Zeitung*

Ein Serienmörder geht um in Wien. Mehrere Teenager
werden tot aufgefunden, das Tatmuster erinnert an eine
alte Mordserie zwanzig Jahre zuvor. Doch der verurteil-
te Mörder ist gerade im Gefängnis gestorben. War er
unschuldig?
Carlotta Fiore, Kaufhausdetektivin und gescheiterte
Opernsängerin, ermittelt.
Gemeinsam mit ihrem alten Partner Konrad versucht
sie Licht ins Dunkel zu bringen. Er hat damals die Er-
mittlungen geleitet. Doch Konrad ist gerade erst aus
dem Koma erwacht und erinnert sich an
nichts. Werden seine Erinnerungen zurück-
kehren, bevor es zu spät ist?

List

Adrien Bosc

Morgen früh
in New York

Roman.
Klappenbroschur.
Auch als E-Book erhältlich.
www.list-verlag.de

*»Erzählerisch und sprachlich hervorragend,
erstrahlt sein Debüt in der Galaxie der aktuellen
Neuerscheinungen. Die Geburt eines Schriftstellers.«*
Le Figaro

Am Abend des 27. Oktober 1949 hebt die neue Lockheed
Constellation in Paris Richtung New York ab. Die Laune
an Bord ist glänzend, unter den 48 Passagieren befinden
sich Marcel Cerdan, französischer Boxchampion und
Geliebter von Édith Piaf, die berühmte Violinvirtuosin
Ginette Neveu und Disney-Manager Kay Kamen. Doch
plötzlich reißt über den Azoren der Funkkontakt ab. In
seinem glänzenden Debüt verknüpft Adrien Bosc die
Geschichte des berühmtesten Flugzeugs der Nach-
kriegszeit mit den Lebensgeschichten der
Reisenden – eine Hommage an die Ära des
Hollywood-Kinos und des französischen
Chansons!

List